［第3版］
情報社会の
デジタルメディアとリテラシー

― 情報倫理を学ぶ ―

小島 正美 編著

木村 清／池田 展敏／小松澤 美喜夫 共著

ムイスリ出版

第3版にあたって

　本書は、大学生、短期大学生の「情報リテラシー」、「情報基礎」の講義を受けるにあたって必要な教科書として作られた『情報社会のデジタルメディアとリテラシー』の第3版として、1-2節「ユビキタス社会」を、「ユビキタス社会とIoT」として、急速に広がるIoT (Internet of Things) の概念を追加したものです。そして1-3節に「ネットワーク社会の課題」として、新たに節を立ててまとめました。また6-2節に「改正個人情報保護法の内容」として、平成29年5月30日より施行された内容を追加しました。「情報リテラシー」を教える教材としてのテキストは「情報倫理」、「情報モラル」の教育を含めるべきであるという観点から、本書の前身である拙著『インターネット社会の情報リテラシー』を2010年から講義で使用してきました。この度この第3版として最新の情報を追記することにしました。その背景として、2003年頃から個人情報の漏洩などインターネット社会における影の部分が続出することになり、今日もこの状況はより深刻な状態で続いているからです。そのため、この部分は引き続き重要であると思っています。

　本書の第1章「ネットワーク社会と情報」では、コンピュータがネットワーク社会にどのように関わってきたか、コンピュータの誕生から今日のユビキタス・コンピューティングの社会を導入部分として小島が解説しています。1-2節「ユビキタス社会とIoT」のIoTの部分と、1-3節のIoTを活用する社会での課題の追加記述を池田が解説しています。第2章の「コンピュータの仕組みと特徴」では、コンピュータの仕組みとしてビットの考え方が非常に重要であるということで、その考え方を豊富な例を取り入れながら木村が解説しています。第3章の「コンピュータグラフィックスの基礎知識」では、コンピュータを有効に活用するためには、コンピュータグラフィックス（CG）の活用の概念を学習する必要があるということで、池田が解説しています。第4章と第5章の一部は小島が解説しています。第4章では、コンピュータはインターネットに接続して利用することが多いことから、インターネットの仕組みと情報セキュリティに関して解説しています。本書は全体としては、デジタルメディアをどのように活用していったらよいか、という観点からすすめています。デジタルメディアは、インターネットを使って誰でもが容易に活用できる時代となりました。そのとき問題となるのはインターネット利用時の情報倫理です。第5章では、インターネットを利用するときの情報倫理を遵守することの重要性を学び、他人の権利を侵害する著作権問題について解説しています。第5章のSNS上でのマナーに関する部分は、小松澤が解説しています。第6章では、自分や家族がトラブルに巻き込まれないようにするための個人情報漏洩問題およびその対策について小松澤が解説しています。近年、インターネットを介しての個人情報の漏洩が深刻な問題を起こしています。この章では、最新の情報と対策を入れて解説をしています。第7章では電子メールでの情報交換で注意すべきこと、第8章ではWebページを実際に作成して、そのなかで情報倫理を意識した取り組みを行っています。第7章、8章は小島

が解説しています。

本書の構成と執筆分担は次のとおりとなります。

第1章　「ネットワーク社会と情報」小島正美、池田展敏

第2章　「コンピュータの仕組みと特徴」木村　清

第3章　「コンピュータグラフィックスの基礎知識」池田展敏

第4章　「インターネットの仕組みと情報セキュリティ対策」小島正美

第5章　「インターネット利用時の情報倫理」小島正美、小松澤美喜夫

第6章　「個人情報漏洩の問題とその対策」小松澤美喜夫

第7章　「電子メールの仕組みと情報倫理」小島正美

第8章　「Webページの作成と情報倫理」小島正美

付録

なお、各章ごとのコマ数として、次のように考えています。

第1章　1コマ

第2章　2コマ

第3章　2コマ・(実習1コマ)

第4章　2コマ

第5章　2コマ

第6章　2コマ

第7章　1コマ

第8章　実習3コマ（実習2コマ）

　第1章から第7章までは座学を中心に行います。第3章で、実習を1コマ入れた場合は、第8章で実習を2コマにするとよろしいかと思います。第3章の実習1コマは、付録の「POV-Rayのダウンロードと使い方について」を参照して行うようになります。なお第7章は、各大学で学生に付与しているメールアドレスがある場合、その設定を行うことになりますので、実習が一部入ることになります。第8章は、コンピュータ演習室での実習となります。第8章の演習は、毎回学生が作成したページを、演習室で接続できるWeb上の担当教員の科目フォルダへ保存してもらいます。学生は各自の学生番号名のフォルダへデータを保存し、必要なときに各自のフォルダに保存されたファイルを端末側のデスクトップへダウンロードして編集、校正作業を行います。各自、USBメモリなどを持ち歩かなくても済むようにするとよいと思います。コンピュータ演習室での学生のファイルの保存などについては、利用する演習室により利用方法が種々あるかと思いますので、それに従って行うようにしてください。

　最後に、この本の企画と制作に大変ご苦労をおかけしましたムイスリ出版株式会社の橋本有朋氏に大変お世話になりました。橋本有朋氏に深く感謝いたします。

2018年1月　　　　　　　　　　　　　　　　　　　　　　　編著者　小島正美

目 次

第1章　ネットワーク社会と情報 …………………………………… 1

1－1　コンピュータの歴史　1

1－2　ユビキタス社会とIoT　4

1－3　ネットワーク社会の課題　8

演習問題　11

アンケート　12

第2章　コンピュータの仕組みと特徴 ……………………………… 15

2－1　ビットとは何か　15

　　2－1－1　2値素子による情報伝達　15

　　2－1－2　ビットとビットパターン　16

2－2　コンピュータで扱う情報　17

　　2－2－1　コンピュータにおける2値状態　17

　　2－2－2　文字の扱い　17

　　2－2－3　量の扱い　20

　　2－2－4　画像の扱い　22

　　2－2－5　音の扱い　22

　　2－2－6　映像（動画）の扱い　24

　　2－2－7　冗長性について　24

2－3　コンピュータの構成と特徴　24

　　2－3－1　コンピュータの5大機能　24

　　2－3－2　コンピュータ・システムにおけるハードウェアとソフトウェア　27

　　2－3－3　OSとアプリケーション　28

　　2－3－4　コンピュータの特徴　28

　　2－3－5　電子化された情報の特徴　29

演習問題　30

第3章　コンピュータグラフィックスの基礎知識 ………………… 33

3－1　コンピュータグラフィックスとは　33

3－2　平面上の形状表現　34

　　3－2－1　ペイント系とドロー系のソフト　34

　　3－2－2　座標と画像の大きさ　35

　　3－2－3　数式による形状表現　36

3-3 3次元 CG 入門　38

　3-3-1　モデリングとレンダリング　38
　3-3-2　3D 形状の表現方法　40
　3-3-3　3DCG 製作のために必要な考え方　41
　3-3-4　3DCG のいろいろなテクニック　46
　3-3-5　立体形状を作る発想　48

3-4 レンダリングの原理と機能　49

　3-4-1　レイトレーシング法　49
　3-4-2　その他のレンダリング法　50

3-5 アニメーション　51

　3-5-1　GIF アニメーション　51
　3-5-2　フレームレート・キーフレーム法・モーフィング　51
　3-5-3　3DCG アニメーションの特徴　52
　3-5-4　インタラクティブなアニメーション　53

演習問題　54

中間試験問題1　57

第4章　インターネットの仕組みと情報セキュリティ対策　……………　59

4-1 インターネットの仕組み　59

　4-1-1　IP アドレスとドメイン名　62
　4-1-2　ネットワークアドレスとホストアドレス　63
　4-1-3　サブネットマスク　64
　4-1-4　グローバルアドレスとプライベートアドレス　65

4-2 情報セキュリティ対策　66

　4-2-1　コンピュータウイルス対策　66
　4-2-2　スパイウェア対策　67
　4-2-3　フィッシング詐欺対策　68
　4-2-4　ワンクリック不正請求への対策　70
　4-2-5　ファイル共有ソフトウェアによる情報漏洩対策　71

演習問題　72

中間試験問題2　73

第5章　インターネット利用時の情報倫理　………………………………　75

5-1 ネットワーク上での作法　75

5-2 Web 上での技術的な作法　76

5-3 SNS 上でのマナー　79

5-4 知的財産権・著作権　81

演習問題　88

第6章　個人情報漏洩の問題とその対策　………………………………　89

6-1 OECD 勧告とわが国の取り組み　89

6-2 改正個人情報保護法の内容　92

6-3 個人情報の流出　95

　　6-3-1 情報セキュリティ対策の基礎知識　96

6-4 情報セキュリティに対する脅威への傾向と対策　98

　　6-4-1 エンドポイントの紛失・盗難などへのセキュリティ対策　99

　　6-4-2 不正ログイン（なりすまし）へのセキュリティ対策　100

　　6-4-3 偽りのインターネットショッピングサイトへのセキュリティ対策　100

　　6-4-4 スマートフォンアプリのセキュリティ対策　101

　　6-4-5 SNS への軽率な投稿と、そのセキュリティ対策　101

6-5 個人情報保護法の今後の課題　102

演習問題　104

応用問題　104

小テスト問題　105

学生向けの情報セキュリティ診断チェックシート　106

教職員向けの情報セキュリティ診断チェックシート　108

第7章　電子メールの仕組みと情報倫理　…………………………………　111

7-1 電子メールの仕組み　111

7-2 電子メール　116

演習問題　120

応用問題　120

第8章　Web ページの作成と情報倫理　…………………………………　123

8-1 Web ページの作成方法　123

8-2 Web ページ作成の基本　123

8-3 Web ページ作成　128

演習問題　143

viii　　目　次

付録1 ･･ 145
　　双3次ベジェ曲面　145
　　POV-Ray のダウンロードと使い方について　145

付録2 ･･ 148
　　著作権法抜粋　148

参考文献 ･･ 157
演習問題解答例 ･･ 161
索　引 ･･ 167

Windows はアメリカ Microsoft Corporation のアメリカおよびその他の国における登録商標です。
その他、本書に登場する製品名は、一般に各開発メーカーの商標または登録商標です。
なお、本文中には™および®マークは明記しておりません。

ダウンロードなどによって生じたいかなる損害など、また、使用および使用結果などにおいていかなる損害が生じ
ても、筆者および編者、小社は一切の責任をおいません。あらかじめご了承ください。

第1章 ネットワーク社会と情報

　個々の人間が生活している近所づきあい、町内会という人と人とのつながりもネットワーク社会といえると思いますが、コンピュータの普及によってネットワーク社会に大きな変化をもたらしました。その変化は個々のコンピュータがネットワークに接続され、電気的な信号のやりとりで、日常的な会話、情報交換が可能な社会の領域が世界的規模に拡大されたことによるものです。

　本章の1-1節では、コンピュータはどのようにして、どこから生まれてきたのか、コンピュータの歴史について説明します。1-2節では、2001年以降のユビキタス・コンピューティングの社会および、より進んだIoTという概念を中心に説明します。1-3節では、ネットワーク社会の課題として、IoTが活用される社会において生じる課題を含めて解説します。

1-1　コンピュータの歴史

　現在のような電気式のコンピュータが誕生してから半世紀は過ぎましたが、コンピュータの歴史を次の3段階に分類します。

　第1段階は汎用機の時代で、1946年から1970年頃です。1946年に世界初のコンピュータ**ENIAC**（Electronic Numerical Integrator and Calculator）がペンシルバニア大学の**エッカート**（J. P. Eckert）と**モークリー**（J. W. Mauchly）によって完成しました（図1-1）。このコンピュータは18800本の真空管と1500個のリレーを使い、重さは30tで消費電力は150kWという巨大なものでした。ENIACはアメリカ陸軍での弾道計算に使用されました。

図1-1　ENIAC

出典：Oberliesen,R. "Information,Daten und Signale Geschichte technischer Information"(Deutsches Museum 1987)より

この後、コンピュータのハードウェアの発展は進み、図1-2の**真空管**から**トランジスタ**、IC、LSI、VLSI、ULSIとなり、今日に至っています。1964年に**IBM360**が発表され、当時はまさに汎用機全盛時代となっていました。

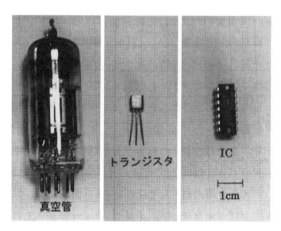

図1-2 真空管、トランジスタ、IC

第2段階はパーソナルコンピュータ・ネットワークの時代で、1979年から1990年代です。現在のような**パーソナルコンピュータ（PC）**の原型となる**AppleII**（図1-3）は、1977年にApple社が発表し、その後1979年にNECが8ビットパーソナルコンピュータ**PC8001**を発表し、1982年には**PC9801**を発表しました。当時の外国製PCはハードウェアに日本語処理の機能をもたせていなかったため、国産のPCでなければ日本語処理ができませんでした。1990年に日本IBM社が日本語処理可能なOS（Operating System）を発売し、**DOS/V マシン**（図1-4）と呼ばれて日本のPC市場へ参入してきました。

図1-3 AppleII （提供：Apple）

また1980年代に、これまでの逐次処理を行ってきた**手続き型プログラム**から、まったく異なる発想の**オブジェクト指向型プログラム**の考え方が出現してきました。オブジェクト指向

はソフトウェアの革命的な考え方であるといえます。1980年代はSmalltalk、C++、Objective-Cなどのオブジェクト指向プログラミング言語が開発されました。1986年には**ブーチ（Booch）のオブジェクト指向設計法**が発表され、1990年代には**ランボー（Rumbaugh）**のOMT、**ヤコブソン（Jacobson）**のOOSEなどが相次いで発表されました。これらを集大成したUMLは1997年に発表されました。オブジェクト指向設計モデリングは、機能に着目した設計では限界があり、オブジェクトに着目した分析手法に切り替えることにより、これまで実現が困難であった現実の世界をモデル化することを可能にしました。オブジェクト指向の主な利点は、保守性が高く、再利用を推進する、効率のよい開発を可能とした点です。今日まで、その考え方は受け継がれ、**マルチメディア**やネットワーク機能の強化にもつながっています。1990年代は**インターネット**普及の時代です。インターネット活用事例として、インターネットでWeb検索をしている様子を図1-5に示します。

図1-4　IBM PC／AT　（提供：日本IBM）

図1-5　インターネットでWeb検索

第3段階はユビキタス・コンピューテングの時代で、2001年以降となります。2001年 e-Japan 戦略、2005年はユビキタス発展期、2010年はユビキタス成熟期となります。

1-2 ユビキタス社会とIoT

今日、私たちは日常的に利用するパーソナルコンピュータ（PC）や、スマートフォン（スマホ）などの情報機器を利用して豊富な情報を入手することができます。現代は、「いつでも、どこでも、何でも、誰でも」がコンピュータネットワークをはじめとしたネットワークにつながることにより、さまざまなサービスが提供され、人々の生活をより豊かにする図1-6に示すような**ユビキタス社会**となってきています。

図1-6　ユビキタス社会

ユビキタス社会により、外出先から、照明、エアコン、給湯器、床暖房、テレビの録画など、家電の制御が遠隔から可能となりました。照明の消し忘れを確認でき、省エネルギーの対策にもなります。住居内の各センサーと連動させることにより、異常事態が発生した場合、直ちにスマホへメッセージで知らせてくれます。現在は、緊急地震速報は登録することにより、スマホへメッセージで知らせてくれます。

ユビキタス社会では、身の回りの「モノ」がネットワークを介して情報網に加わることがあります。最近では、この「モノ」という言葉に重点をおいた、ユビキタス社会と同じ、またはより進んだシステムと考えられる**IoT**（Internet of Things：**モノのインターネット**）という概念が急速に広がりつつあります[1]。IoTとは、多様で多数のモノがインターネットに接続

---

[1] ユビキタスは、パロアルト研究所のマーク・ワイザーが、1991年の論文で「コンピュータが環境に溶け込んで、意識することなくどこにでも存在する」ことを示す言葉として最初に用いました。一方、IoT は、1999年に RFID による商品管理システムを表す言葉として初めて使われました（Wikipediaによる）。両者とも、時代と技術の進展にともない、少しずつ使われ方が変わってきています。

したコンピュータと自動的に情報のやりとりを行うことで、社会生活や経済に大きな効用を生み出すことをいいます[2]。

ここではまず、「モノ」から情報を発信するために欠かせない、**RFID**（Radio Frequency Identification）を紹介しましょう。RFID は無線タグとも呼ばれ、電波によって非接触でチップ内の ID 番号を呼び出し、その ID に関連付けられた情報をサーバから検索することが可能です。

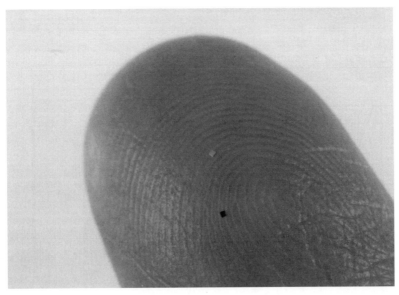

図1-7 RFID

株式会社日立製作所 製 RFID「μ-Chip（ミューチップ）」
＊写真は IC チップ部分（提供：株式会社日立製作所）

RFID の活用として、商品の入出庫管理、車両などの盗難防止などが考えられます。最近では、児童の登下校の安全管理として、児童が身に付けるランドセルなどに RFID を取り付け、児童の登下校の情報を保護者へ伝える、図1-8 に示すようなサービスもはじまっています。

RFID に加えて、IoT を理解するためのキーワードとしては、「センサー」「ビッグデータ」「AI」などが挙げられます（図1-9）。まず IoT の前提となるのは、現実世界の情報を自動収集するためのセンサーやカメラの存在です。これには、スマートフォンなどの携帯端末のほかに、モノに埋め込まれた「位置」「温度」「振動」などを感知する各種センサー、人に装着できる**ウェアラブルデバイス**、あるいはドローンに取り付けられたカメラなどが含まれます。これらセンサーなどから得られた情報は、インターネット上のサーバに送られます。現実世界にある膨大な数のモノから送られたデータは、大量かつ多様で常に更新されるので、必然的にビッグデータとなり、人間にはとても処理できません。そこで活躍するのが、**人工知能**

---

[2] IoT の定義はさまざまありますが、法的なものとして、2016 年に改正された特定通信・放送開発事業実施円滑化法の附則などがあります。ICT（Information and Communication Technology）とは異なる言葉なので注意してください。

（**AI**：Artificial Intelligence）です[3]。人工知能は、コンピュータプログラムの一種といえますが、人間には簡単に理解できない情報や知識をビッグデータから処理・抽出し、現実世界で利活用可能な形で提供します。

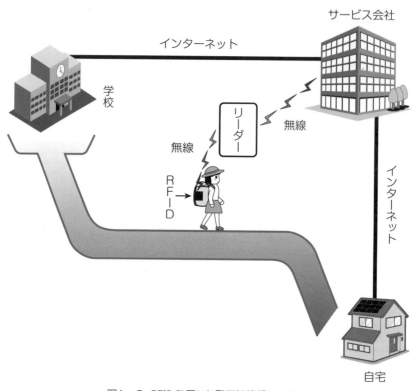

図1-8　RFIDを用いた登下校情報サービス

「センサー」「ビッグデータ」「AI」「現実社会への作用」をさまざまに組み合わせることで、数多くのIoTの応用が考えられるため、今後IoTは、生活スタイルや産業の活性化など、現実社会に大きな影響を与えると予想されています（表1-1参照）。実際、すでに多くの企業がさまざまなIoTシステムの提供を開始しています。また、「IoTは人間を介さずに情報の収集・処理・社会への作用を行うこと」また、「その際、AIが難しい問題に適切な判断をしてくれること」から、IoTは効率的で無駄のない社会をもたらすものと期待されています。

---

[3] 人工知能は、もともとコンピュータが苦手であった曖昧なものの識別（文字認識、音声認識、顔の識別など）を可能にしました。人工知能の多くは、「機械学習」という技術にもとづいています。たとえば将棋ソフトは、数手先を読むだけでなく、プロの棋譜や将棋ソフト同士の棋譜などを学習データとし、どのような局面がどの程度有利なのかを判別できるように機械学習したものです。

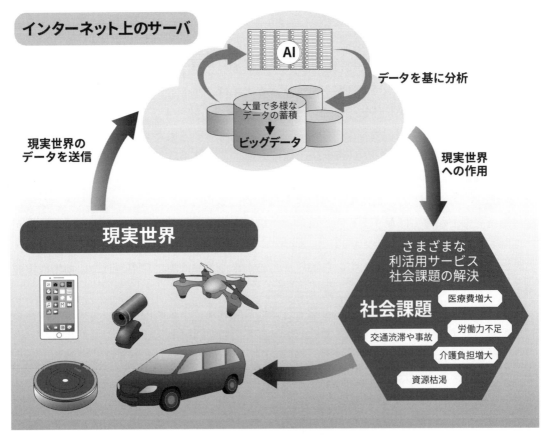

図1-9 IoTの概念図

IoT時代におけるICT産業の構造分析とICTによる経済成長への多面的貢献の検証に関する調査研究報告書 2016年3月 株式会社三菱総合研究所 16ページ 図表2-1-2-3 より一部改変

表1-1 IoTの活用事例

センサー類	AIの処理	現実世界への作用
スマートフォンやタブレットなどのカメラなど	自転車データベースや顧客情報の管理	無人の自転車シェアリングサービス
自動車上のセンサー	渋滞予測や回避ルートの提案、事故回避	輸送効率の向上や、自動運転システムの実現
ウェアラブルデバイス	体重、血圧、心拍数などを、医学データから分析	利用者へ向けた、健康やスポーツ競技力向上のアドバイス
橋、道路、トンネルなどに取り付けられたセンサー	振動や変位などのデータを分析	損傷の状況やメンテナンスの必要性を知らせる。
ドローンによるメガソーラーの空撮	発電効率の維持や故障個所の発見	メガソーラーの保守管理
家庭内ネットワークカメラなど	スマートフォンからインターネット経由で、カメラの映像分析	外出先で、映像モニターで不審者検出

1-3 ネットワーク社会の課題

　IoT が活用される社会では、膨大な数のセンサーやインターネットに接続されたコンピュータから収集された情報を AI が分析することで、人間社会がこれまで解決できなかった社会的な課題さえも解決される可能性があります。たとえば、車の運転時の事故は、道路状況の情報収集や AI による自動運転システムの導入などにより、減少する可能性があります。また AI は、法律や会計、医療、教育などの分野にも、大きな変革をもたらしつつあります。この意味で、IoT の広がりは、私たちの生活の福祉や健康、社会の持続的発展に多大な貢献をするものと期待されます。

　しかし、一方で、人の行動に関する情報を自動的に集める IoT システムはプライバシーに配慮したものでなくてはなりません。得られた情報を利用するための社会的なルール作りが必要であるのと同時に、PC やスマートフォンが乗っ取られ、その Web カメラから盗撮されるといった事例もすでに発生しているので、このような犯罪行為に利用されない対策も重要です。

　また、AI が人の代行をするようになると、これまで想定する必要のなかった事態がおきる可能性があります。たとえば、AI による創作物の著作権の問題や、AI が起こした事故などの責任の所在など、法的な整備がまだ追いついていない事例も少なくありません。裁判の判決や人事評価制度などにおいては、AI の示した判断の理由を人間が理解できない可能性があります。元来人間が判断していた事柄をどこまで AI に任せてよいのか。これは人の尊厳にも関わる重要な問題です。AI の軍事転用はもちろん、さらには、AI の暴走による人類社会の滅亡といった危惧さえ抱いている研究者もいます。人間が本来得意としていた創造性の分野などでも AI が人間の能力を超えつつある現在、IoT や AI の広がりは、人の生活スタイルや価値観にも影響するたいへん大きな課題を抱えているといえるでしょう。

図1-10　従来の情報伝達

　このように変化し続けるネットワーク社会の問題を、単に営利的な視点だけでなく、社会の一員として注視していくことは、私たちの課題のひとつに違いありません。一方、私たち

は、スマートフォンやPCなどを通して、すでにネットワーク社会の構成員になっています。では、ネットワーク社会の構成員である私たち1人ひとりは、どのような情報倫理を身に付けるべきなのでしょうか。

ユビキタス以前の社会では、図1-10に示すように、情報はマスメディアから個人へ一方的に流されていました。一方、今日のインターネット社会では、図1-11に示すように、個人の側から、インターネットに接続された世界中のコンピュータへ情報発信することが可能となりました。特に、mixi、Facebook、Twitter、InstagramなどのSNS（ソーシャル・ネットワーキング・サービス）は、知人や友人のみならず、見知らぬ相手とのリアルタイムな交信を可能にします。

図1−11　インターネット社会における情報伝達

しかし、このようなネットワークを利用した情報通信では、対面でのコミュニケーションとは異なり、相手の顔が見えないという匿名性を利用したハイテク犯罪が生じやすく、社会問題となっています。また、取り扱う情報の中には、それが公開されることにより、個人の財産的・人格的利益を害するものがあります。個人情報の流出による個人のプライバシーの侵害や、Web掲示板などで、他人を誹謗中傷（ひぼうちゅうしょう）するなど、名誉毀損（めいよきそん）にあたるのではないかと思われることが起きています。また、創造的な活動により作成された著作物や技術的な発明を無断で使用したりするなど、著作権の侵害にあたることがなされています。自分がハイテク犯罪による被害者にならないようにしなければなりませんが、知らないでいる間に被害者になっていたり、加害者になっていたりする場合があ

ります。

　社会では情報技術の発展および法の整備により、これらの犯罪を防ぐような仕組みが考えられていますが、実際には各個人が情報倫理（モラル）を遵守（じゅんしゅ）してネットワーク社会に参画することにより、ハイテク犯罪にあわないようにする必要があります。インターネットから入手した情報が適切か、他人の権利を侵害していないか、不正はないかなどを自分で判断しなければなりません。正しい知識をもっていないと、コンピュータウイルスや不正アクセスなどの被害にあったりします。そのようにならないために、情報倫理（モラル）をしっかり身に付ける必要があります。また、他人の権利を脅かすことのないように、著作者人格権、著作者財産権を総称した著作権、特許権、実用新案権、意匠権、商標権を総称した工業所有権に関する法令などを遵守しなければなりません。著作権や産業財産権[4]を総称した知的財産権は法的に保護されていることを学ぶ必要があります。

---

[4]「Industrial Property Law」の訳は「工業所有権法」と訳されていましたが、現代の経済社会が必ずしも工業を中心とするものではなくなってきており、それに応じて「Industrial Property」の範囲も、公正な商業活動を図るための不正競争防止法や農業分野の種苗法、近年のデジタル社会において重要度が増している著作権法等を含んだ広範なものになってきたため、より適切と考えられる「産業財産権法」という語が用いられるようになりました。出典：https://ja.wikipedia.org/wiki/産業財産法 より（2017年11月30日参照）

演習問題

1．はじめてのコンピュータ ENIAC と、現在普及しているスマートフォンとを比較しなさい。

2．コンピュータの歴史をハードウェアとソフトウェアの両面からまとめなさい。

3．ユビキタス社会とはどのような社会かをレポートに 800 字程度にまとめなさい。
　（参考文献は 2 冊以上あげなさい）

4．「センサー」「ビッグデータ」「AI」などを組み合わせて現実世界への作用となる例をあげなさい。（表 1-1 IoT の活用事例参照）

5．インターネット社会の特質についてレポートに 800 字程度にまとめなさい。
　（参考文献は 2 冊以上あげなさい）

[注意]
　文章をまとめるにあたり、参考とした資料および文献を記載してください。第 5 章で説明していますが、引用した部分と自分の文章とが区別できるようにしてください。Web 検索による場合は、参考にした Web サイトの URL と、それを見た日付とを必ず記入してください。Web サイトを参考にする場合は、私的な個人の Web ページは避けて、学術的な機関または公的な Web ページを参照するようにしてください。

12　第1章　ネットワーク社会と情報

　講義のはじめとおわりに次のアンケート項目について回答してもらいます。

　アンケートをとる趣旨は「情報倫理（モラル）について考えていくための意識調査」で、利用目的は「アンケート結果は、講義を行うための参考にすることに用いて、個人のデータそのものを問題にすることはないこと。アンケート記入の際に、個人名は必要でないこと」を、事前に説明し、了解を得てから行います。

アンケート

　設問は、1から10まであります。設問のようにしてよい場合は「1）はい」、そうしない方がよいと思う場合は「2）そうは思わない」のどちらかに〇をしてください。

設問1　知らない人から「面白い写真です」と書かれた電子メールが届きました。よく見ると添付ファイルが付いていましたが、ウイルスのようなプログラムのファイルではなさそうなので開いてみました。
　　　　　　1）はい　　　2）そうは思わない

設問2　知らない会社から出会い系サイトの案内メールが届きました。「今後メールが不要な場合はこのメールに返信して下さい。」と書いてありました。もうこの様なメールはきて欲しくないのですぐに返信して断る手続きをしました。
　　　　　　1）はい　　　2）そうは思わない

設問3　Webページを見ていたら、「この先のページを見るには無料ソフトが必要」と書いてありました。名前やメールアドレスを書かなくても無料で使えそうなのでソフトをインストールすることにしました。
　　　　　　1）はい　　　2）そうは思わない

設問4　新しく買ったパソコンでDVDが作れるというので、早速お気に入りのアーティストのDVDから私のおすすめをピックアップしてDVDに入れて友達にプレゼントしてあげました。
　　　　　　1）はい　　　2）そうは思わない

設問5　家族でWebページを作りました。親戚や子どもの友達にも見て喜んでもらえるようにと、実名とともに家族の写真を多く使いました。さらに、何年かたったときにそのときの年齢がわかるように生年月日を添えました。
　　　　　　1）はい　　　2）そうは思わない

設問6　知人から、戦争反対の署名を呼びかけるメールがきました。国会の日程に間に合う
　　　ようにできるだけ早く多くの人に転送するようにと書いてありました。さっそく、5、6
　　　人の友人に転送しました。
　　　　　　1）はい　　　　2）そうは思わない

設問7　友人からこのメールを5人以上の人に転送しないと不幸が訪れる、というメールが
　　　まわってきました。いたずらだと思いましたが、なんとなく気になりウイルスメールでも
　　　ないのですぐに友人5人に転送しました。
　　　　　　1）はい　　　　2）そうは思わない

設問8　楽しい絵や音が出るメールを簡単にやりとりできるという機能がありそうなので、
　　　メールソフトの設定もそのような機能が使えるようにしました。
　　　　　　1）はい　　　　2）そうは思わない

設問9　パスワードは電話番号や生年月日だと推測されやすいということだったので、まっ
　　　たく関係のないデタラメな数字にしました。
　　　　　　1）はい　　　　2）そうは思わない

設問10　先日、半信半疑で応募してみたインターネット上の懸賞に当たり、商品券が送られ
　　　てきました。面白くなり、最近ではWebページ上にある懸賞には目に付いたところからど
　　　んどん応募することにしました。
　　　　　　1）はい　　　　2）そうは思わない

第2章 コンピュータの仕組みと特徴

　この章では、コンピュータの基本的な仕組みと特徴を理解することを目標とします。現在のコンピュータは、扱う情報も動作を決める命令もすべてビットの情報がベースとなっています。まず、このビットとは何かについて 2-1 節で理解します。続く 2-2 節では、ビットの並びを使ってどんな情報を扱うことができるのかについて学習します。2-3 節ではコンピュータの構成、プログラムの実行の仕組み、それに基づく電子化された情報の特徴を学び、演習問題を通して今日の情報社会でコンピュータの特徴がどのように活かされているか理解できるようにします。

2-1　ビットとは何か

2-1-1　2値素子による情報伝達

　コンピュータ内部での計算には2進数が使われているということを聞いたことがある人も多いでしょう。2進数の1桁のことを**ビット**（Bit）と呼びますが、現在のコンピュータでは、扱う情報もコンピュータの動作を決める命令も、すべてビットの情報がベースとなっています。このことは、パソコンから大型コンピュータまで、またスマートフォンやゲーム機にわたっても共通していえることです。ここではまず、ビットとは何か、ビットで情報を扱うときの考え方を理解するために、例え話として研究室の行き先表示ランプの例を取り上げます。

　図 2-1 のように大学の研究室のドアの上にランプを1個付けたとします。ランプが消えていれば研究室の主は「不在」、点（つ）いていれば「在室」ということがわかります。ランプの状態と意味が対応付けられていることにより、来訪者に情報が伝達できます。つまり、ランプの状態の違いによって意味を区別しているといえます。

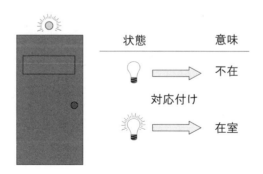

図2-1　行き先表示ランプの例

　この例え話の「ランプ」のように、あれかこれか、2通りのうちのいずれかの状態（これ

を**2値状態**といいます）を作り出すことができる「物」を**2値素子**と呼ぶことにします。

　研究室に在室しているか不在かを示すのにランプを使う必然性はなく、何らかの2値素子を使うことで目的は達せられるということは容易に理解できるでしょう。このように考えると、普段の生活の中で、2値素子とみなせるものを使って何らかの情報を伝達したり示したりしている例を、いろいろと見つけることができるでしょう（章末の演習問題1）。

2-1-2　ビットとビットパターン

　さて、ランプ1個だけでは、在室か不在かということしか表すことができません。しかしランプを2個に増やすと、図2-2のように、4通りの行き先を表すことができます。2値素子を2個使うと4通りの区別ができることになります。

図2-2　ランプを2個に増やした場合

　一般に、2値素子1個で2通り、2個で4通りの組み合わせを作ることができます。コンピュータで使われる**ビット**とは、この2値素子の数に相当するものです。具体的な状態の組み合わせのことを**ビットパターン**と呼ぶことにします。すると、1ビットで2通り、2ビットで4通りのビットパターンを作ることができるといえます。

　では、さらにビット数を増やしていくと、作ることのできるビットパターンの数はどのようになるでしょう。

　これは組み合わせの数として求められます。この場合、組み合わせの数は 2^n（n：ビット数）で表せます。ビット数を増やせば、組み合わせて作ることのできるビットパターンの数は指数関数的に増加します（演習問題2）。

　行き先表示ランプの例え話に戻ると、n個のランプを使うと 2^n 種類の行き先を、ビットパターン（ランプのON/OFFの並び）で区別して示すことができるということになります。

■ 参考

(1) 16, 32, 64 などは、家庭用ゲームなどでもよく出てくる数字です。なぜそのような数字が使われるのか調べてみるとよいでしょう。

(2) 32ビットというのは、現在のインターネットで使われているIPアドレスのビット数

でもあります。アドレスが 32 ビットあると、2^{32} すなわち約 43 億のコンピュータを識別できるという計算になります。しかしインターネットの普及にともない、32 ビットでは足りなくなったため、アドレスを 128 ビットに拡張することになり、現在移行が進みつつあります。128ビットあると 3.4×10^{38} という天文学的な数のアドレス（ビットパターン）を作れることになります（演習問題 2 の表参照）。

(3) 一般に、情報の働きとして、「曖昧さを減少させる」働きがあります。情報が与えられたことによって曖昧さがどれだけ減少したか、その大小が情報の大きさに対応します。

たとえば、「この科目ではテストを実施します」といわれても曖昧なままですが、「来週テストを行います」といわれると曖昧さはなくなります。その情報が与えられることによって、曖昧さが大きく減少したのであれば、その情報はそれだけ大きな情報ということができます。

これに倣（なら）えば、2 ビットの情報というのは、4 つの可能性（不確定性）のうちのどれかであることがわかること、すなわちそれだけの不確定性を減少[1]させる働きのことを指すのだともいえます（演習問題 5）。

2-2 コンピュータで扱う情報

2-2-1 コンピュータにおける2値状態

前述の例え話で、ビットはランプのON/OFFのようなイメージをもつことができたと思います。コンピュータで扱う情報の実体はビットパターンです。では、実際のコンピュータではランプの代わりに何を使っているのでしょう。

コンピュータの内部では半導体が使われています。その半導体に作られた微小な電気回路（2値素子）の電圧（状態）が高いか低いかが、あれかこれかの2値状態に相当します。キーボードやスイッチなどでは、電流が流れるか流れないかの情報が使われます。また、ハードディスクでは、円盤状のディスク表面の磁性体の磁化のされかた、つまりN極かS極かという2値状態の並びで情報を記録しています。USB メモリなどでは、半導体に電荷（静電気のような電気の粒に相当するもの）が保持されているかいないかという2値状態を利用しています。コンビニやスーパーの商品に付いているバーコードや、携帯電話のQRコードは、白か黒のパターンを、光の反射量の大小や、明暗といった2値状態として検出するものです。

以下、コンピュータでは文字や画像、音などをどのようにして扱っているのかを見ていきます。いずれもビットパターンを利用していることを理解してください。

2-2-2 文字の扱い

ここではまず「学籍番号」について考えてみます。学籍番号は個々の学生と 1 対 1 に対応

---

[1] ある知らせ(情報)による不確定性の減少の度合が大きいほど、その情報量は大きいといえます。漠然としたものがより限定されたものへと絞り込まれる度合が大きいほど情報の量が大きいともいえ、この考え方は、日常の経験とよく対応していることがわかるでしょう。

18　第2章　コンピュータの仕組みと特徴

している番号であり、1人ひとりを識別する機能を担っています。このように、ある実体を識別して指し示すために割り当てられた番号や記号を、**コード**（Code）といいます。何らかの規則に基づいてコードを作ったり、実体をコードで表したりすることを**コード化（エンコード）**するといいます。コード化したものは、コンピュータで扱いやすくなります。ワープロなど、コンピュータが文字を扱っているように見えるところでも、内部では文字そのものではなく、**文字コード**を扱っています。文字コードとは、それぞれの文字を区別するために対応付けられたビットパターンに他なりません。

　欧米の言語で用いる文字の種類は、アルファベットや記号を合わせても高々100種類程度しかありません。そのため、これらを区別するには、7ビットを使って128通りのビットパターンを用意すれば充分です。（演習問題2で完成させた表で確認しましょう）

　このビットパターンと文字とを対応させたものが文字コードと呼ばれるものです。対応のさせ方にはいろいろな種類がありますが、標準的に使われるのが **ASCIIコード**です。（ASCII：American Standard Code for Information Interchange）

■ バイト

　ところで、ASCIIコードそのものは7ビットからなるビットパターンですが、実際のコンピュータでは8ビットをひとまとめにして扱うのが一般的です。それはコンピュータの歴史的背景によるもので、ある時期、内部の記憶場所（メモリ）を8ビット単位で構成したコンピュータが急速に普及したからといわれています。そのようなこともあり、通常8ビットをひとまとめにしたものを**1バイト**（Byte）と呼んでいます。ビール12本をまとめて1ダースと呼ぶようなものです。バイトはデータ量や記憶容量の単位として非常によく使われます。

　ASCIIコードは8ビットつまり1バイト単位で記憶したり処理したりしますので、1バイトコードと呼ぶことがあります。1バイトコードの文字数とバイト数は同じ値になります。

■ 16進表記

　ところで、0と1の組み合わせであるビットパターンをそのまま、つまり0と1の並びで表記するやりかたを**2進表記**といいます。しかし、このやりかたで文字コードなどを表そうとすると桁数が多くなり、煩雑になってしまいます。そこで、4ビットをまとめて表現する**16進表記**がよく用いられます。16進表記を使うと、16種類あるビットパターンを、1桁の数字か記号で代用して表すことができます。表2-1は、10進表記の0から15までの数が、2進、16進それぞれの表記法ではどのようになるのかを示しています。たとえば16進表記での「A」は、「1010」というビットパターンに対応することを示しています。

　表2-2に示したのが、ASCIIコード表です。8ビット[2]のうち上位4ビットを上の欄に、下位4ビットを左の欄に、それぞれ16進表記と2進表記で書いています。たとえば、「K」の

---

[2] ASCIIコードは本来7ビットのコード（上位3ビット＋下位4ビット）ですが、表2-2では16進表記との対応を示すため、上位3ビットの最上位に0を付加して4ビットのパターン（2進表記）で示しています。

ASCII コードは、16 進表記では「4B」であり、2進表記では4とBのビットパターンを並べて「01001011」となります。

表2-1 10進・2進・16進表記

10進	2進	16進
0	0000	0
1	0001	1
2	0010	2
3	0011	3
4	0100	4
5	0101	5
6	0110	6
7	0111	7
8	1000	8
9	1001	9
10	1010	A
11	1011	B
12	1100	C
13	1101	D
14	1110	E
15	1111	F

表2-2 ASCII コード表

		0	1	2	3	4	5	6	7
		0000	0001	0010	0011	0100	0101	0110	0111
0	0000	NUL	DEL	SP	0	@	P	`	p
1	0001	SOH	DC1	!	1	A	Q	a	q
2	0010	STX	DC2	″	2	B	R	b	r
3	0011	EXT	DC3	#	3	C	S	c	s
4	0100	EOT	DC4	$	4	D	T	d	t
5	0101	ENQ	NAK	%	5	E	U	e	u
6	0110	ACK	SYN	&	6	F	V	f	v
7	0111	BEL	ETB	'	7	G	W	g	w
8	1000	BS	CAN	(	8	H	X	h	x
9	1001	HT	EM	)	9	I	Y	i	y
A	1010	LF	SUB	*	:	J	Z	j	z
B	1011	VT	ESC	+	;	K	[	k	{
C	1100	FF	FS	,	<	L	¥	l		
D	1101	CR	GS	−	=	M	]	m	}
E	1110	SO	RS	.	>	N	^	n	~
F	1111	SI	US	／	?	O	_	o	DEL

20　第2章　コンピュータの仕組みと特徴

■ 日本語の文字コード

　さて、日本語の文字は漢字を含め数千種類もあります。それらを区別するための文字コードとして必要なビット数は 11 ないし 12 ビット必要です。コンピュータ内部ではバイト単位で扱うことが多いため、実際の文字コードは 2 バイト（16 ビット）となります。2 バイトつまり 16 ビットあると、ビットパターンは $2^{16} = 65,536$ 通り作れるので、日常に使う数千種類の漢字も対応させることができます。

　欧米の文字コードが 1 バイトコードであるのに対し、日本語の文字コードは 2 バイトコードです。データ量という観点からいえば、欧米の文字は 1 文字あたり 1 バイトで済みますが、日本語の場合は 1 文字あたり 2 バイト必要になります。日本語ワープロでは、2 バイトコードで表示される文字を全角文字、1 バイトコードのものを半角文字と呼ぶことがあります。同じように見える数字やアルファベット、空白文字でも、全角か半角かで文字コードはまったく違うものになります。そのため、場合によっては検索などの処理が思うようにできないこともあるので、注意が必要です。

■ 参考

(1)　制御コードについて

　　ASCII コードで 16 進表記の 00 〜 1F までと、7F（表 2-2 で網掛けした部分）は制御コードと呼ばれるものです。空白（スペース）と同様に、目に見えない（印刷されない）けれども、通常の文字コードと同じように編集（挿入・削除など）ができます。ワープロを使うときに知っておく必要がある制御コードは以下のものです。

- **改行コード**　改行あるいは段落の区切りを示すコードです。[Enter]キーで入力します。
- **タブ**　　　　表形式のデータで、項目（フィールド）の区切りを表したり、ワープロで行内の書き出し位置を揃えたりするときに使います。キーボード左上の[Tab]キーで入力します。

(2)　点字について

　　視覚障がい者が使う 6 点点字は、1 マスに縦 3 ×横 2 列の 6 つの点の盛り上がりの組み合わせで文字を表しています。1 つひとつの点は、盛り上がっているかいないかという、まさに 2 値状態とみなすことができるでしょう。1 マス 6 点での組み合わせのパターンは 2^6、つまり 64 通りのパターンを作ることができます。点字を読む人はそのパターンを触覚で読み取って文字として認識しているわけです。1 マス 6 ビットの情報といえます。

2-2-3　量の扱い

　私たちの身の回りには、1 個、2 個と数えることができる量と、時間あるいは身長や体重など、連続的に変化することのできる量があります。これらはそれぞれ、離散量（**デジタル**

量）、連続量（**アナログ量**）と呼んで区別されます。前述のように、コンピュータ内部の２値状態は中間状態を無視した離散的な状態です。コンピュータ内部ではデジタル量しか扱えないということになります。しかし、アナログ量をデジタル量に変換すれば、コンピュータで扱うことが可能になります。

　デジタル量はいうまでもなく、ビットパターンで表される量です。以下、重さを例にとって、ある量をビットパターンで表すことを考えてみましょう。

　いま、32g、16g、8g、4g、2g、1g（６種各１個）の分銅があるとします。これらの分銅を使って以下の重さを作る（測る）としたとき、どの分銅を組み合わせればよいでしょう。下の表で、各々使用する分銅を○で囲みましょう。

重さ	分銅の組み合わせ					
27g	32g	16g	8g	4g	2g	1g
42g	32g	16g	8g	4g	2g	1g

　上記の分銅の組み合わせを表現するのに、○を付けるかわりに１という記号、○を付けないかわりに０という記号を用いて表現するとどうなるでしょう。以下の表に１、０を記入してください。

重さ	32g	16g	8g	4g	2g	1g
27g						
42g						

　上で得られた１、０の組が、該当する重さをビットパターンで表した結果です。言い換えると、１、２、４、８…という 2^n（n＝0, 1, 2, 3…）の重みのものを使うか使わないかを、１と０で表したものといえます。

　では逆に、前項で行ったような表記法で 011001 および 110010 という表記をした場合、それぞれのビットパターンは何 g を表すことになるでしょう。下の表に書き入れましょう。

011001	g
110010	g

　以上のような作業を通して、１と０の並び、すなわちビットパターンで数量を表現したり扱ったりできるということが理解できるでしょう。１と０の並びで数量を表現したものを**２進数**（Binary number）と呼びます。ここでは説明しませんが、２進数を使って四則演算もすることができます。人間が２進数で計算しようとすると面倒だったり難しく感じたりします。これは、人間は 10 進数での計算には慣れていても、２進数には慣れていないからです。しかし、コンピュータ（電子計算機）にとっては、電気的な２値状態の組み合わせで処理ができ

るため、2進数のほうが都合がいいのです。

　ところで、この例では、最小の分銅、すなわち 1g よりも小さな値は無視されます。そのことによる誤差は**量子化誤差**（まるめの誤差）と呼ばれます。量子化誤差はデジタル量で物事を扱う場合に必ずつきまといます。時計をはじめ、体重計などでもデジタル表示のものが多く見られますが、デジタルだからといって正確とは限りません。量子化誤差があることに注意しましょう（演習問題7）。

2-2-4　画像の扱い

　コンピュータでは、画像は**画素**（Pixel：**ピクセル**）と呼ばれる小さな点の集まりで表現されます。たとえば縦100個、横100個の画素からなる画像であれば、全部で1万個の画素があることになります。画素の大きさが小さいほど**解像度**の高い鮮明な画像となります。かつては、パソコンの画面や携帯電話の画面をよく見ると、小さな画素があることが肉眼でも確認できました。最近はディスプレイが発達し、画素は肉眼では確認できないくらいにまで小さくなっています。それだけ、1つの画面を構成する画素の数は多くなっているといえます。

　次に、1つの画素でどのような表現ができるのか、そのためには何ビット必要かについて考えます。1つの画素で黒か白かの2種類だけを表現する場合、2種類のうちのいずれかを示すのに1ビットあればよいので、画像データ全体のビット数は、画素数×1ビットとなります。このような画像は2値画像と呼ばれます。

　次に、1つの画素で黒から白までの中間の濃淡も表す（区別する）とします。たとえば、黒から白までの濃淡を16段階で表すとすると、それらの濃淡を区別するために、4ビットを必要とします（$2^4 = 16$ なので）。すると画像データ全体のビット数は、画素数×4ビットとなります。さらに、濃淡（明るさ）を256段階というきめの細かさで表す場合には、1つの画素について8ビット必要となるので、全体では画素数×8ビット必要になります。

　カラー画像においては、1つの画素の色を赤(R)、緑(G)、青(B)の**3原色**の明るさ（強度）の組み合わせで指定します。色の明るさをそれぞれ256段階で表現する場合は、画素あたり8ビット×3原色＝24ビット必要となります。

2-2-5　音の扱い

　コンピュータで音を扱う、つまり録音したり再生したりするためには、音の波形をビットパターンで表すことが必要です。

　図2-3で、簡単に録音と再生の原理を説明します。マイクなどで拾った音は、連続的な音の波形データとして入力されます。その音の瞬間的な波の高さを一定の間隔（サンプリング周期）で測定します。図では測定結果が多数の棒グラフとして示されています。この1つひとつの棒グラフの高さ（連続的な**アナログ量**）を、**A/D 変換器**[3]を使って、**デジタル量**、つまりビットパターンに変換します。これらのビットパターンを適切な媒体（CD：コンパクト

---

[3]　Analog to Digital Converter：アナログ信号をデジタル信号に変換する電子回路。

ディスクや、USB メモリ）に保存することで、音の情報を録音したことになります。

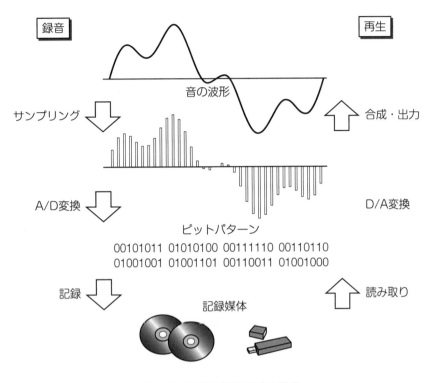

図2-3 デジタル録音、再生の原理

音を再生するときは、CDやUSBメモリからビットパターン（デジタル量）を読み取り、それを**D/A 変換器**[4]を使って波の高さに相当する量（アナログ量）に変換します。それと同時に、もとのサンプリング周期に合わせて、実際にスピーカを鳴らす電流波形に合成しながらスピーカ電流を流します。こうすることで、元の波形と同じ波形の音をスピーカから再生することができます。最近のコンピュータは処理能力が高くなってきたため、元の波形をA/D変換してから記録する直前、あるいは読み取ったビットパターンからD/A変換をする直前で、音の情報（ビットパターン）にさまざまな加工をすることができるようになりました。

たとえば、CDの場合は、約4万分の1秒ごとの音の波形の高さを16ビットのデータにしたものを、CDの表面の凹凸として記録しています。1秒分の波形を記録するのに88,000バイト（左右合わせて約16万バイト）使うことになります。

ところで、かつてはCDとして流通していた音楽も、今ではコンピュータのデータとしてインターネット上で流通するようになりました。このように、ネットワークを利用する場合には、ネットワークに負荷をかけないようにするため、データを圧縮して、ファイルのサイズを小さくする必要があります。そのためのさまざまなファイルの規格があり、サイトからダ

---

[4] Digital to Analog Converter：AD 変換器とは逆に、デジタル信号をアナログ信号に変換する電子回路。

ウンロードあるいは購入した音楽を再生するには、そのファイル形式に対応した再生用ソフトを使用する必要があります。

2-2-6 映像（動画）の扱い

アニメーションやビデオ映像などの動画は、1秒間に30ないし60コマの速さで画面を書き換えることで、動きを表現します。単純に計算すると10秒間の動画のデータ量は、同じ画質の静止画の300〜600倍となります。実際には、視覚的に問題ないレベルまでに情報を間引くなどして、データ量を小さくする工夫（データの圧縮）がなされています。

2-2-7 冗長性について

2値状態の組み合わせで文字を表す点字は、ある意味、無駄がなく合理的な文字の表現（識別法）といえます。しかし、点字のどこか1点でも異なると、まったく別の文字に対応してしまいます。一方、私たちが普段使っている文字、たとえば特に漢字などは画数も多く、点字に比べると無駄な情報も含まれているといえます。しかし、多少汚く書いたり、不正確に書いたりしても、それが何の文字なのか、相手はちゃんと読み取ってくれます（もちろん程度問題ですが）。多少の汚れや、かすれがあっても間違いなく読み取る（記録として残す）必要性の高いところでは、わざと画数の多い漢字を使うこともあります。たとえば、「二十円」を「弐拾円」と書くような場合です。画数の少ない文字は、無駄が少ない代わりに別の文字に誤読される危険性が高いともいえます。

この例と同様に、ビットパターンを基にしているコンピュータの情報は、無駄が少ない反面、ちょっとしたノイズ（雑音）や欠陥により、まったく別の文字や情報に変わってしまったり、誤動作を起したりという脆さ（もろさ）をもっていることになります。通信やCDなど、ビットパターンを伝送したり記録したりするところでは、万が一読み取りエラーがあっても元のビットパターンが再現できる、あるいはエラーがあったことを検出できるように、本来の情報（ビットパターン）に余分なビットを付加して**冗長性**（じょうちょうせい）をもたせたうえで伝送したり記録したりしています。

2-3 コンピュータの構成と特徴

2-3-1 コンピュータの5大機能

コンピュータのようなものだけでなく、生物であっても社会システムであっても、一般に情報を処理しているところには、図2-4のように、**入力**、**処理**、**出力**の3つの要素を見出すことができます。

図2-4 情報処理の基本要素

たとえば人間であれば、感覚器で受け取った情報（入力）を脳で処理し（処理）、手や足という効果器を動かしたり、あるいは発声という出力行動（出力）をとったりします。神経細胞1つをとってみても、刺激を受け取り（入力）、それを処理して（処理）次の神経細胞に伝達する（出力）という機能が備わっています。社会現象としては、たとえばエルニーニョ現象が観測されたという情報（入力）が、穀物の先物取引（処理）の結果、大豆価格の高騰を招く（出力）ということもあります。

コンピュータを構成する機能や装置にも、図2-5のように大きく分けて入力・処理・出力に対応する部分があります。処理の部分がコンピュータ本体に対応します。

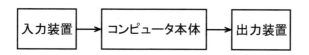

図2-5 コンピュータの基本構成

この基本構成は、大企業で使われる大型コンピュータから、パソコン、あるいは車や洗濯機の中に使われるコンピュータにも共通するものです。そして、これらのコンピュータが動作するには「プログラム」が不可欠です。

プログラム（Program）とは、人間が要求する仕事（処理）内容をコンピュータが実行可能な命令に分解して、あらかじめ順序よく並べたものです。その1つひとつの命令は、実際にはビットパターンとして、いったんメモリ（Memory）と呼ばれる主記憶装置に記憶されます。コンピュータはメモリに記憶された命令を1つずつ読み取っては解釈し、実行するということを繰り返して動作します。（この動作原理はコンピュータの本質的な特徴にも関係しますので、後の節で再度取り上げます。）

さて、このような動作を実現するため、コンピュータ本体には、記憶装置と制御装置、演算装置があります。記憶装置には主記憶装置と外部記憶装置があります。制御装置と演算装置は、まとめて**中央処理装置**（CPU：Central Processing Unit）と呼ばれます。そして、入力、記憶、演算、制御、出力の機能をコンピュータの**5大機能**と呼びます。これらをまとめて図2-6に示します。また装置との対応を表にまとめたものを、表2-3に示します。

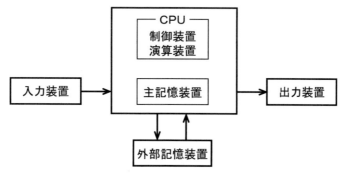

図2-6 コンピュータの構成

26   第2章   コンピュータの仕組みと特徴

表2-3　コンピュータの5大機能と装置

機能	対応する装置		
制御機能	制御装置	中央処理装置	コンピュータ本体
演算機能	演算装置	（CPU）	
記憶機能	記憶装置	主記憶装置	
		外部記憶装置	周辺装置
入力機能	入力装置		
出力機能	出力装置		

■ 制御装置

　メモリに記憶された内容を順序よく取り出し解釈したり、動作に必要な信号をほかの装置に送るなどの働きをします。

■ 演算装置

　いわゆるデータ（情報）が処理されるときは、必ず**演算装置**で処理（計算など）されます。制御装置と演算装置を合わせて中央処理装置（CPU）と呼びます。CPUの能力はコンピュータの情報処理の能力に深く関係します。

■ 記憶装置

　コンピュータで扱う情報を記憶するための装置です。記憶装置には、そのとき実行すべきプログラムや、処理すべき情報（データ）を一時的に保持するための**主記憶装置**（メモリ）と、大量のデータを保持するための**外部記憶装置**とがあります。外部記憶装置は補助記憶装置とも呼ばれます。一般に、主記憶装置は書き込み・読み出しの速度が極めて高速ですが、記憶内容を保持するために電源の供給が必要です。一方、外部記憶装置は、主記憶装置の補助的な役割をするため、書き込み・読み出しの速度は主記憶装置よりも劣りますが、電源を切っても大量の情報を保持できるという特徴をもっています。

■ 入力・出力装置

　コンピュータに処理すべき情報を与えるための装置が**入力装置**（入力機器）、処理結果を外部に取り出すための装置が**出力装置**（出力機器）です。外部記憶装置と、入力・出力装置を合わせて周辺装置（周辺機器）と呼ぶことがあります。

　パソコンで使われる入力装置としてよく使われるのはキーボードやマウスです。出力装置としては、ディスプレイ、印刷装置（プリンタ）などがあります。タブレットPC（タブレット型パソコン）では、座標入力装置（タッチパネル）とディスプレイが一体化されていて、画面に表示されたものを直接タッチする感覚で操作できるようになっています（演習問題8）。

自動車や家電製品に組み込まれるコンピュータ・システムには、**センサー**（Sensor）と呼ばれる温度や圧力を感知する装置（入力装置に相当）、回転運動を起こすモータや、**アクチュエータ**（Actuator）と呼ばれる電磁石などを使って、伸縮・屈伸・旋回といった単純な運動を起こす装置（出力装置に相当）などがあります。

2-3-2 コンピュータ・システムにおけるハードウェアとソフトウェア

日常の身の回りのものやサービス、あるいは社会の制度などでシステムという言葉をよく耳にします。**システム**（System）とは、「一定の目的のために、複数のものが機能しあう全体的なまとまり」を示す言葉です。コンピュータにおいても、さまざまな構成要素があり、それらがある目的のために使用される場合、コンピュータ・システムという見方ができます。

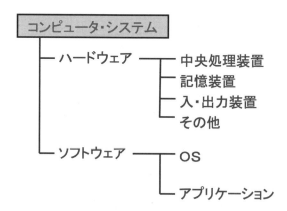

図2-7　コンピュータ・システムの構成要素

図2-7に示したように、コンピュータ・システムにおいては、コンピュータ本体、周辺装置などの物理的実体[5]のことを**ハードウェア**（Hardware）と呼び、プログラムあるいはそれによって実現されているものを**ソフトウェア**（Software）と呼んでいます。これらは略してハード、ソフトとも呼ばれます。コンピュータを実際に何かの目的に使う場合、その目的が何であれ、それに適したハードウェアとソフトウェア両方が必要になります。

■ 参考

コンピュータ以外の分野でもハードウェア、ソフトウェアという言葉を使うことがあります。たとえば、各地に建設された各種の文化施設（コンサートホール、体育館など）についていえば、建物自体はハードウェアといえます。そして、さまざまなコンサートやイベント、あるいは運営方法（サービス）などがソフトウェアに相当します（演習問題9、10）。

[5) 物理的実体：簡単にいえば、大きさや重さがあるような物体。感覚的には、手で触ったり目で見えるものといってもいいでしょう。

2-3-3 OSとアプリケーション

コンピュータのソフトウェアには、OS とアプリケーションがあります。普段私たちが使うワープロなどのソフトは、たとえば文書を作成するなどの特定の目的のためのソフトウェアという意味で、**アプリケーション・ソフト**（Application Software）と呼ぶことがあります[6]。

アプリケーション・ソフトには、ほかに表計算（スプレッドシート）、プレゼンテーション、画像編集、住所録管理などさまざまなものがあります。しかし、アプリケーションが違っても、画面の基本的なデザインや、マウスやキーボードの操作の仕方などのユーザインタフェース、あるいは、ファイルの管理の仕方(置き場所、名前の付け方、コピー、削除など)などは共通しています。このような、アプリケーションから共通に利用できる機能、言い換えると基本的な機能を提供するプログラムを総称して、**オペレーティング・システム**（OS：Operating System、基本ソフト）といいます。

アプリケーションはそれぞれ対応する OS の上で動作します。このことから、たとえばスマートフォンのあるアプリが、すべての機種のスマートフォンで動作するとは限らなかったり（OS が異なるため）、逆に同じ１つのアプリがスマートフォンでもタブレットでも使えたり（OS が共通なため）といったことが起こります（演習問題11）。

2-3-4 コンピュータの特徴

コンピュータを特徴づけるものはその動作原理である「プログラムに従って動作し、その動作が高速である」というものです。

プログラム（Program）とは、あらかじめ書き留めたものという意味の言葉です。コンピュータを動かすときには、コンピュータに対する動作の命令を、あらかじめ順序よくメモリ（主記憶装置）に保持しておきます。コンピュータは、図2-8のように①メモリから命令を取り出し、②その命令を実行する、という２つのサイクルを繰り返すことでプログラムを実行します。①→②→①→②→①→②→という単純な繰り返しを高速に繰り返すことで、あらかじめプログラムされた動作を高速に実行し、目的の計算をしたり画面を描画したりするのです。

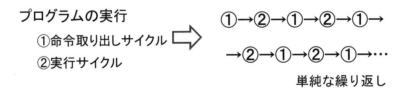

図2-8 コンピュータの動作（プログラムの実行）

---

[6] 最近はスマートフォンの普及にともない、スマートフォンやタブレットのアプリケーション・ソフトのことを (日本では)アプリと呼ぶことが一般的になっています。

このような動作原理により、コンピュータは一般に次のような特徴をもっています。

・プログラムどおりに忠実に動作する（正確性）
・高速に動作する（高速性）
・プログラムを変えると、別の目的に使うことができる（汎用性）

　もともとコンピュータはその名の通り、複雑な計算を自動的に高速で行う機械でした。しかし今日では、実社会のあらゆるところでコンピュータが使われるようになりました。
　たとえば、工業用ロボットは同じ作業を正確に何度でも繰り返すことができるという特徴のほか、プログラムを変えれば、別の作業を行わせることもできるという汎用性ももっています。ゲームマシンは、人間の指示で画面内のキャラクタを動かしますが、内部ではそのキャラクタの関節の長さ、位置や角度、コスチュームの素材の反射の様子、光線の量や角度、背景の地形や建物の座標などのデータから、3次元の世界を2次元平面に投影した画面を計算により瞬時に作り出しています(高速性)。さらに、ソフトを交換することで別のゲームを楽しむことができます(汎用性)。これらはいずれも、コンピュータはプログラムを高速に実行するという基本的な動作原理から出てくる特徴です。
　コンピュータが何か人間の能力を超えた仕事をしているように見えても、実際は、人間が作ったプログラムを、盲目的に、ひたすら忠実に実行しているだけだともいえます。コンピュータウイルスなどの不正なプログラムも、コンピュータは盲目的に忠実にそれを実行してしまいます。

2-3-5　電子化された情報の特徴

　従来の紙の文書を、ワードプロセッサなどを使ってコンピュータのファイルにすることを「**電子化**」するということがあります。電子化は、文書に限らず、写真や画像、音声、映像でも行われるほか、物の温度や動きもセンサーによって電子化し、コンピュータで扱うことも多くなされています。電子化された情報は、コンピュータで処理したり、コンピュータ・ネットワークで伝送したりできますので、以下の特徴や利点を活かせるようになります。

・記録性、保存性に優れる
・再利用（再編集）性に優れる
・検索性に優れる
・高速・自動処理が可能となる
・公開・流通が容易になる

　また、同じ量の情報を扱うのに必要な手間、時間や費用、保管スペースや紙の量などが低減されるため、情報の電子化を適切に推進することで、仕事の効率の向上、省資源、経費削減などが期待できます（演習問題12）。

30　第2章　コンピュータの仕組みと特徴

演習問題

1．身の回りで、2値素子とみなせるものを探してみましょう。何が2値素子に対応し、2つの状態（2値状態）とは具体的にどういうものか、それぞれの状態がどんな意味に対応するのかを、下の表にならってまとめてみましょう。

2 値 素 子	蕎麦（そば）屋の暖簾（のれん）	
2つの状態	かかっている	かかっていない
意　味	やっている（商い中）	やっていない

2．下記の表に、ビット数に対応するビットパターンの組み合わせの数を記入して、表を完成させましょう。

ビット数 （ランプの数に相当）	組み合わせの数 （ビットパターンの数、識別可能な数）	
1	2^1	
2	2^2	
3	2^3	
4	2^4	
5	2^5	
6	2^6	
7	2^7	
8	2^8	
9	2^9	
10	2^{10}	
....		
16	2^{16}	
....		
32	2^{32}	4,294,967,296
....		
128	2^{128}	3.4×10^{38}

3．上の演習で、2の16乗を計算するのにどのような工夫をしましたか？　楽に計算するやり方を考えてみましょう。

4．ビットは情報量の単位としても使われます。たとえば、性別の情報は男か女かのいずれ
　かです。性別をランプの ON／OFF で示そうと思えば、ランプ1個を使えば、ON：男、
　OFF：女というように表すことができます。つまり性別の情報はランプ1個、すなわち
　1ビットを使って伝えることができます。このことから性別の情報の量は1ビットだと
　いえます。では、血液型の情報は何ビットでしょう？　あるいは何ビット使えば血液型
　をビットパターンに対応させて区別できるでしょう？

5．車の方向指示ランプ（ウインカー）をいつ出したらいいか、ということを考えてみます。
　右折専用レーンのある交差点で右折しようとするときに、(1)右折専用レーンに入ってか
　らウインカーを出す場合と、(2)右折専用レーンに入る手前でウインカーを出す場合とで
　は、どちらのほうが周囲の車により多くの情報を与えると考えられるでしょうか？

6．デジタルカメラで撮影した縦 1200 ピクセル、横 1600 ピクセルの画像とそのデータにつ
　いて以下の問いに答えてください。
　(1) 全体の画素数（ピクセル数）はいくつになりますか。（単位はピクセル、または画素）
　(2) 画素あたりの色を表現するのに、1原色あたり8ビット使用するとして、1画面を表
　　現するのに必要なデータ量は何ビットになりますか。
　(3) 前問で得たビット数をバイト数に直し、さらに単位の接頭語（下表参照）を使って記
　　述するとどうなりますか。

単位の接頭語

10^n	接頭辞	記号	漢数字表記	十進数表記
10^{15}	ペタ	P	千兆	1,000,000,000,000,000
10^{12}	テラ	T	一兆	1,000,000,000,000
10^9	ギガ	G	十億	1,000,000,000
10^6	メガ	M	百万	1,000,000
10^3	キロ	k	千	1,000
10^2	ヘクト	h	百	100
10^1	デカ	da	十	10
10^0	なし	なし	一	1
10^{-1}	デシ	d	十分の一	0.1
10^{-2}	センチ	c	百分の一	0.01
10^{-3}	ミリ	m	千分の一	0.001
10^{-6}	マイクロ	μ	百万分の一	0.000 001
10^{-9}	ナノ	n	十億分の一	0.000 000 001
10^{-12}	ピコ	p	一兆分の一	0.000 000 000 001

32　第2章　コンピュータの仕組みと特徴

(4) (2)から、色の数は何色（何通り）になりますか。計算式を示したうえで、「約〇万色」と概数で答えてください。

7．身の回りで、何かを測って数字で表示する機器について、量子化誤差がどのくらいか調べてみましょう。（たとえば、時計、タイマー、体重計、温度計、体温計など）

8．最近のスマートフォンやタブレット型パソコンには、マイク、GPS、ジャイロセンサー、カメラ、タッチセンサー（タッチパネル）などの入力装置が組み込まれています。これらは具体的にどんな情報を内部のコンピュータに入力するのでしょうか。また、これらをうまく使った例（アプリ）をあげてみましょう。

9．地下鉄のシステムにおいてハードウェア、ソフトウェアそれぞれに該当するものは何ですか。

10．職業において、ハードウェアに重きをおく職業、ソフトウェアに重きをおく職業（業種）の例をあげましょう。なぜそう考えたのかも記述しましょう。

11．現在世界中で使用されているパソコンやスマートフォン、タブレットのオペレーティングシステムにはどんなものがあり、それぞれどんな特徴があるか、表にまとめましょう。

12．電子化された情報（2-3-5項）のそれぞれの特徴の具体的な例をあげてください。表の形でまとめてみましょう。特に社会の中でこれらの特徴がどのように活かされているかを調べてみましょう。

第3章 コンピュータグラフィックスの基礎知識

コンピュータグラフィックスは、コンピュータ利用において大変重要な役割を果たしています。この章では、コンピュータグラフィックス（以下 CG と省略します）に関する基礎知識を学びます。CG 学習への間口を広げ、コンピュータをより深く活用するための足がかりを提供しようと思います。

3-1 コンピュータグラフィックスとは ― この章の目標 ―

CG とは、コンピュータによって生成・処理された画像全般のことを指します[1]。CG 描画のための計算量や、画像のデータ量などは一般に大きいので、CG は特別なハードとソフトを必要とする技術であると考えられた時代もありました。しかし今では、コンピュータの処理能力の向上と各種 CG ソフトの開発により、身のまわりに CG があふれ、また、誰でも気軽に CG を試みることができます。たとえば、Web ページには文字情報だけでなく、加工された写真やアニメーションなど、CG を使った表現が欠かせませんし、テレビをつければ CG を使った CM が多くみられます。そのほかにも、いろいろな分野に CG は応用されています（図3-1）。

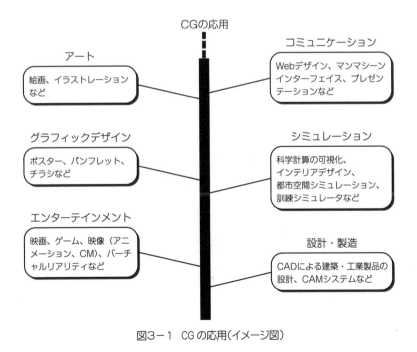

図3-1　CG の応用（イメージ図）

---

[1] 日本では通常このように考えられています。国外で CG というと3次元 CG を指すことが多い。2次元 CG を、3次元 CG と区別して、**CG イラストレーション**、**コンピュータドローイング**などと呼ぶこともあります。

34　第3章　コンピュータグラフィックスの基礎知識

　このように、CG は情報を伝えるツールとして有効な手段であり、また、幅広い応用範囲をもっています。しかし、CG の応用分野は多岐にわたっているので、初学者にとっては何から始めればよいのかわかりにくいという面もあるかもしれません。

　実際に CG 作品を作るためには、特定のソフトウェアに習熟する必要があるでしょう。しかしここではそれを目指すのではなく、CG の理解のために最低限必要な基礎知識を紹介することで、自分の興味のある分野を発見し、それに向かって出発することを狙いとします。

　大まかにいって、CG は**2次元 (2D) CG** と**3次元 (3D) CG** に分類できます。2DCG は平面上の画像データを直接作成しますが、3DCG は立体的な形状データにもとづき平面画像を生成するものです。そこで本章では、「形状データをどのようにコンピュータで扱うのか」ということを主たるテーマとします。3-2 節は 2DCG の形状表現、3-3 節は 3DCG の形状表現の説明です。そのあと、3-4 節では 3DCG で必要となる、形状データから平面画像への変換に関する話題に触れ、3-5 節で CG アニメーションについて簡単に説明します。

3-2　平面上の形状表現

3-2-1　ペイント系とドロー系のソフト

　2次元的な画像を作るソフトウェアは**ペイント系**と**ドロー系**に大別されます。ユーザは自分の目的に応じソフトを使い分ける必要があります。図 3-2 にペイント系とドロー系の違いを図示しました。

　ペイント系のソフトはデジタルカメラで撮影した写真のデータと同じように、画像を構成する各画素に色の強度データを割り当てることで画像データを作ります（詳しくは2章2-2-4 項参照のこと）。このような画像データは「ビットマップ」とか「ラスタ形式」などとも呼ばれます。ペイント系のソフトは、スプレー機能などを使って形のはっきりしないものを描画するなど、写真に似た写実的で繊細な表現に向いています。さらに、写真を合成したり**色調補正**や**フィルタ処理**するなどフォトレタッチの機能を備えているものもあります。

　一方、ドロー系のソフトでは、形状を数式で表現することで形状データを保持します（とはいってもマウス操作で入力するのですが）。数式で表された滑らかな曲線は拡大しても滑らかなままなので、拡大表示しても画素による「がたつき」が現れないという特徴があります。さらに、あとから簡単に形状を修正できるのは大変便利です（詳しくは 3-2-3 項で説明します）。このような画像情報の形式は「**ベクトル形式**」と呼ばれます。ベクトル形式の画像を利用するドロー系のソフトは、形のはっきりしたイラストやロゴデザインなどに向いています。ベクトル形式の画像といえども、パソコン上のモニタで表示するときは画素の並びに変換されることになりますが、それは表示上の問題であり、画像情報を保持するデータとは異なります。

　特に画像化された文字は、それがラスタ形式かベクトル形式かに応じて、それぞれ「**ビットマップフォント**」、「**アウトラインフォント**」と呼ばれます。ポスターやチラシを印刷して

もらうとき、文字コードの間違いによる文字化けを防ぐ意味もあり、文字をアウトライン化するなどして画像化したものを用いることもよくあります。

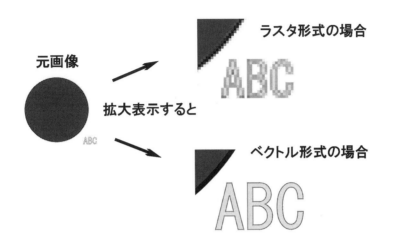

図3-2 ペイント系(ラスタ形式)とドロー系(ベクトル形式)の違い

画素で構成されたラスタ形式の画像を拡大すると画素が見えるが、ベクトル形式は形状の輪郭を数式で表現しているため拡大しても滑らかなままです。ベクトル形式の形状は、その輪郭上にある制御点の位置で決まります。さらにその制御点の移動で形状を修正することが可能です。

3-2-2 座標と画像の大きさ

CG 製作においては、平面上や空間内の図形を扱うために**座標**が使われます。座標の考え方は CG 製作時に直接必要となることもありますが、マウス操作で図形を描写するような場合でも、コンピュータ内では座標を使った情報処理が行われています。そこで少し基本的な話題になりますが、座標を使った形状表現について考えてみましょう。

よく知られているように、平面上の点の位置は2つの数値 x と y を組み合わせた、座標(x, y)で指定できます。ここで、座標(x, y)は、原点から横軸方向に距離 x だけ移動し、さらに縦軸方向に y だけ移動した場所（点）のことです。図 3-3(a)に、x-y 平面上の座標(x, y)を図示しています。グラフソフトを使って曲線を描くときには、x 軸が右方向、y 軸が上方向を向いている x-y 座標系を利用するのが普通です（章末の演習問題5参照）。しかし、画像処理ソフトやプログラミングにおいては、座標軸の長さの単位として画素を用いることがあります（図 3-3(b)）。画素単位で色を塗るなど、画像上の位置を正確に指定するには画素を直接利用する方が便利だからです。この場合、座標の値は必ず整数になり、縦軸の値は下に向かって増えていくので注意しましょう。

画像作成において座標を利用する際は、縦横いくつの画素数からなる画像を作成しているのか意識しなければなりません。なぜなら、座標が画像のどこに位置するのかは、縦横の画素数に対して相対的に決まるからです。目的に合わせて画素数を考えられるようになりまし

ょう（演習問題6、7参照）。

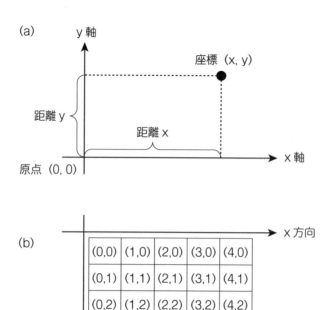

図3-3 座標の概念

(a) x-y座標系　(b) 画素を用いた座標表現。縦横の長さ（画素数）は目的に応じて決まります。モニタ用では72dpi（1インチ＝約2.54cmあたりの画素数）、印刷用では約350dpiが目安となります。

3-2-3 数式による形状表現 ─ パラメトリック曲線 ─

　ビットマップ画像では、黒く塗られた画素を多数つなげて線形状を近似表現しますが、それでは画素数分のデータが必要ですし、図3-2で見たように拡大すると画素が見えてしまいます。一方、ベクトル画像では線を点の集まりとして扱わず、**媒介変数（パラメタ）** で記述された数式として扱います。例として線分を考えてみましょう。

　座標Pと座標Qを結ぶ線分上の任意の点は、

$$P(t) = (1 - t)P + tQ$$

で表されます。ここでtは0から1までの値をとる実数です。P(t)は2つの座標PとQの和になっているので、やはり座標を表していますが、tに依存して移動します（図3-4(a)）。

　たとえばt = 0をP(t)に代入すると点Pになり、t = 1を代入すると点Qになり、t = 0.5を代入するとPとQの中点になります。一般に、点(1 − t)P + tQは線分PQをt対1 − tの比で内

分する点になります。この変数 t をパラメタ（媒介変数）と呼びます。ここで注目したいのは、2つの座標 P、Q のみを使ってこの線分が規定されているということです。つまり、P と Q の2点を決めると1つの線分が定まります。したがって、この線分をデータとして保持するには2つの座標 P と Q さえあればよいということになります。

同様に、曲線もパラメタ t を使って表現することができます。たとえば次の式を見てみましょう。

$P(t) = (1 - t)^3 P_0 + 3(1 - t)^2 t P_1 + 3(1 - t)t^2 P_2 + t^3 P_3$

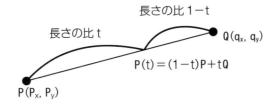

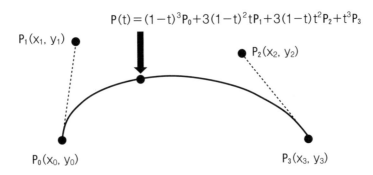

図3-4　線分と曲線のパラメトリック表示
(a)線分の場合　(b)曲線の場合

これは、**3次ベジェ曲線**と呼ばれる曲線の表現です。ここで、P(t)は、4つの座標 P_0, P_1, P_2, P_3 に、パラメタ t の関数で与えられた係数をかけて和をとったものになっています。それぞれの係数が各座標の重み付けを表しています。座標 P(t) は4つの座標の和なので、結局、P(t) はある座標を表していますが、t が0から1に変化するにともない、座標 P(t) は P_0 から P_3 へ連続的に移動します（図3-4(b)）。たとえば t = 0 のときは、P_0 以外の座標の係数はゼロなので、P(t = 0) = P_0 です。また t = 1 のとき、P_3 以外の座標の係数はゼロなので、P(t = 1) = P_3 です。t が0から1に変化するにともない、各座標の重みが P_0 から順に P_1, P_2, P_3 へ移動していることがわかります。よくできていますね。

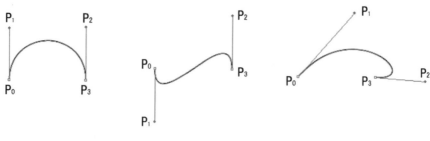

図3-5 3次ベジェ曲線

4つの座標 P_0, P_1, P_2, P_3 の位置を変えると、いろいろな曲線が描けます。$P_0 - P_1$, $P_3 - P_2$ は接線を表しています。

　線分の場合と同じように、4つの座標 P_0, P_1, P_2, P_3 のみで曲線が決まるということが重要です。したがって、この曲線をデータとして保持するにはこれら4つの座標（制御点）があればよく、曲線の修正がこれら制御点を移動することで行えます。図3-5 には、制御点の位置を変えるといろいろな曲線が描けることが示されています。ここで、3次ベジェ曲線は一般に P_1 や P_2 を通過しないことに注意しましょう。そのかわり P_1 は P_0 における接線の向き（P_2 は P_3 における接線の向き）を指定する役割を果たしています。ドロー系のソフトではマウス操作でベジェ曲線を書くことができますが、その際には、制御点を作っているという意識が必要です。描きたい曲線上にない点（つまり P_1 点や P_2 点）をマウスで指定するので、初めて使うときは戸惑うかもしれませんが、すぐに制御点を移動して修正できることの便利さに気づくでしょう（演習問題8、9、10参照）。

　一般に、パラメタを使った曲線を**パラメトリック曲線**といいます。ベジェ曲線を連続的につなげると、より一般的な曲線の描画も可能になります。

3-3　3次元CG入門

3-3-1　モデリングとレンダリング

　3DCGでは、形状データを記録するのに3成分の座標系（縦、横に加え、奥行方向の座標）を用いますが、このことは2DCGとの決定的な差異を生じさせます。それは、モニタで利用する平面画像を作るために、3次元形状データから2次元画像へ変換する必要があるということです。画像化された結果は、3D形状を眺める方向などによって変化します。つまり、同一の 3D データに対し、モニタ上の画像は一意に決まらないということです。逆にいえば、一度 3D 形状データを作成すると、それをあらゆる角度から眺めた画像を作成できます。このことは 3DCG の強力な武器で、たとえばカメラワークによるアニメーションなども可能になります。一方、2DCG で同様なアニメーションを作ろうとすれば、多数の異なる 2D データを作成しなければなりません。

(3DCGの作成手順)

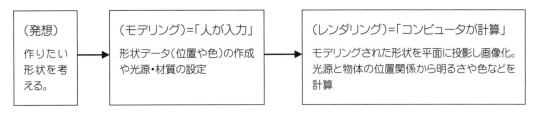

図3-6 3DCGの工程（発想からレンダリングまで）

　上述のことからも察せられますが、3DCGの製作工程は2つの段階に別けられます（図3-6）。ひとつは、「**モデリング**」という工程です。これは、コンピュータで扱う3次元的な形状データを作成する工程です（たとえば、パラメトリック曲線を一般化したパラメトリック曲面など）。形状の色、カメラの位置、光源の位置などの設定もモデリングに含まれます。2つめの工程は「**レンダリング**」という工程です。これは、モデリングデータを平面画像へ変換する工程です。基本的にレンダリングの工程はコンピュータが計算するので、人間はコンピュータが画像を表示するのを待つだけということになります。しかし、レンダリングにもいろんな種類があるので、ユーザにも適切な方法でレンダリングできるような知識が必要です。このあと、3-3-2項以降でモデリングを、3-4節でレンダリングを説明します。

　例として、図3-7にExcelで作った3Dグラフを異なる表示の仕方で示しました（演習問題12）。同じ3Dデータでもレンダリングによって表示のされ方が変わることに注意してください。図3-7(a)は**ワイヤーフレーム**と呼ばれる表示で、モデリングのデータからなる線分だけが表示されています。一方、図3-7(b)の表示は、**陰面消去**と呼ばれる表示のされ方で、ワイヤーに面が張られ、カメラから見えない面は表示されていません。レンダリングの工程は主に、陰面消去（視点から見えない場所は表示しないこと）、**シェーディング**（光源と形状の関係から明るさを決めること）などからなるということです。

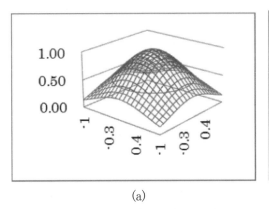
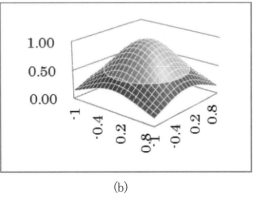

(a) 　　　　　　　　　　　　　　(b)

図3-7　Excel（「その他のグラフ—3D等高線」によるグラフ）で $z = \exp(-x^2-y^2)$ を3Dグラフ化したもの
(a)はワイヤーフレーム表示、(b)は陰面消去による表示です。

3-3-2 3D形状の表現方法

モデリング時に使われる代表的な3D形状の表現方法を紹介します。

■ 陰関数による表現

3つの変数を含む数式 $f(x, y, z) = 0$ を満たす点集合(x, y, z)はひとつの曲面を表します。このような曲面の表現の仕方を「**陰関数による曲面の表現**」といいます。陰関数による代表的な曲面表現に2次曲面（$f(x, y, z)$が2次式のもの）があります（演習問題13参照）。陰関数 $f(x, y, z) = 0$ は、zについて解くなどして、グラフソフトで描かせることもできます。陰関数をある変数に対して解いたものは陽関数と呼ばれることもあります。ちなみに前項の図3-7は陽関数 $z = \exp(-x^2 - y^2)$ を使って描いたものです。

■ 曲面のパラメトリック表現

曲線をいくつかの座標（制御点）の和で表し、**パラメトリック表現**できたように、曲面もパラメトリック表現ができます（図3-8）。ただし曲面のパラメトリック表現においては、必要なパラメタは2つに増え、また、制御点も3成分の座標（3次元空間内の座標）になります。詳しい説明は付録1にありますので、興味がある読者は参照してください。

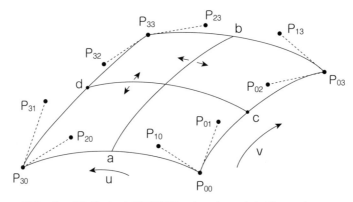

図3-8 パラメトリック曲面（曲面のパラメトリック表現）のイメージ図

曲面は曲線 ab、曲線 cd などの無数の曲線群からなります。P_{ij}はこの曲面（曲線群）を規定する16個の制御点、uとvはパラメタです。

3次ベジェ曲線を描くには、4つの座標（制御点）をマウス操作で指定すればよいということは3-2-3項で述べました。では、**パラメトリック曲面**の制御点をマウス操作で描くためにはどうすればよいでしょうか。曲面の表現では曲線の場合より制御点が格段に増えるうえ、3次元空間上の制御点をマウスで指定するのも難しそうです。しかし実際の3Dソフトでは、曲面の縁になるような曲線を、後述する回転掃引などの操作を使って曲面化することができるので、必ずしもマウスによる手作業ですべての制御点を作るわけではありません。図3-9(a)に示されたパラメトリック曲面はそのようにして作られた曲面の例です。

■ ポリゴン

ポリゴンとは、曲面を多数の平面（三角形や四角形）をつなぎ合わせて近似したものです。そのためポリゴンによる3次元形状の表面は角張っています。平面を細かくたくさん作って曲面を近似すると、がたつきは小さくなりますがデータ量は増えます（図3-9）。しかし、がたつきのあるポリゴンを滑らかに見せかけるレンダリング技術（スムーズシェーディングと呼ばれる）もあるので、むやみに細かいポリゴンを使う必要はありません。

実際に多数のポリゴンをマウス操作で作るのは大変な作業になってしまいます。そこで、ポリゴンで構成された基本的な形状（球、円柱、円錐など）を空間に配置したり組み合わせたりして形状を構成することもあります。このとき構成要素となる基本形状を**プリミティブ**と呼ぶこともあります（プリミティブについては3-3-4項で解説します）。さらに基本形状の頂点の位置修正により、ポリゴン形状を修正することもできます。また、パラメトリック曲面で形状作成したあと、ポリゴンに変換できる機能が備わっているソフトウェアもあります（図3-9(b)(c)）。

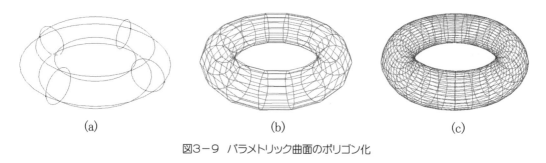

図3-9　パラメトリック曲面のポリゴン化

(a)ドーナツ型は○を回転してできたパラメトリック曲面。(b)(a)を粗めにポリゴン化したもの。(c)(a)を細かくポリゴン化したもの。細かいポリゴンを使うと、がたつきは目立たないがデータ量は増えます。

■ 参考

ボクセルを使ったモデリングというものもあります。これは、正方形のピクセル集合で2次元画像を作るように、立方体のボクセル集合で3次元形状を表現しようとするものです。3次元形状の中味にも興味があるような医療用のデータの可視化などで必要な考え方です。しかしボクセルを使うとデータ量が非常に大きくなるので、立体の表面形状だけに興味があるなら、本項で紹介したような張りぼてのような形状データの方が効率的です。

3-3-3　3DCG製作のために必要な考え方 ― フリーソフトを使って ―

すでに述べたように、3DCGでは3D形状データにもとづき画像を生成します。そのため3DCGでは、単に形状を作るだけでないプラスの発想が必要になってきます。たとえば、「①形状の空間への配置」「②撮影」「③照明の設定による光と影の効果」「④背景の設定」などです。つまり、実写映画を撮るのに似た発想が必要なのです。

このような事情もあり、3DCGは一見すると2次元CGより複雑な印象を受けるのですが、3DCG製作用のソフトは安価なものも多く、フリーソフトも多く存在します（**Blender**、**Metasequoia** など）。ここでは、コマンド処理（命令文をテキストで記述し、コンピュータに実行させること）でCG製作を行える **POV-Ray** というフリーソフトの使い方を参考にしながら、3DCGの製作のための基本的発想について確認していきたいと思います。なお、POV-Rayの使い方は付録1にも紹介しています。

図3-10は、POV-RayにおけるCGモデリングのコマンド例とその実行結果です。前頁の①から④までの発想がこの文の中に表現されています。これからその意味も説明していきますが、発想だけが知りたい読者は、POV-Rayのコマンドの説明をとばして読んでも構いません（最初の「#include○○」という数行は、利用する命令を利用可能にするためのものです。これを書かないと実行時にエラーが出るので、忘れず記述します）。

```
#include "colors.inc"
#include "textures.inc"
#include "shapes.inc"
#include "metals.inc"
#include "glass.inc"
#include "woods.inc"
```

図3-10　POV-Rayのコマンド例とその実行結果

```
object{ Sphere pigment{color rgb<1,1,1>} scale 0.5 translate <0, 0, 0>}
camera{ location<0,4,-10>   look_at<0,0,0>   angle 40}
light_source{<-20,20,-20> color rgb<1,1,1>}
object{ Plane_XZ pigment{color rgb<1,1,1>}   translate <0, -2, 0>}
background{ color<0,0.5,0.5>}
```

① 形状の空間への配置

ある形状を作ったら、それをある「位置座標」に、ある「大きさ」で、ある「角度」で、ある「色」に設定しておくことを考えます。

空間内の場所を指定するにはやはり座標の考え方が必要です。ここで、3次元の座標系には**右手系**と**左手系**があることに注意します（図3-11）。たとえばPOV-Rayでは左手系を採用しています。そこで、左手系を意識しながら、次の命令の設定項目を確認します。

　　object{ Sphere pigment{color rgb<1,1,1>} scale 0.5 translate <0, 0, 0> }

ここでSphereは球形を作るという意味です。Sphereに替えて、Cubeを用いると立方体、Cone_Xを用いるとx方向に軸をもつ円錐（同様にCone_YやCone_Zはy方向、z方向に軸をもつ円錐）、Disk_Xを用いるとx方向に軸をもつ円柱（Disk_YやDisk_Zも同様）が描けます。次のtranslate<0, 0, 0>の意味は、この形状の位置が、左手座標系の座標(x, y, z) = (0, 0, 0)であることを表しています。pigment{color rgb<1,1,1>}は色の設定です。rgb<1,1,1>は、三原色（赤、緑、青）の強度がすべて最大値1、すなわち白になることを意味します（3原色の各強度は0から1の範囲で指定できるようになっています）。scale 0.5は、形状の大きさ調整です。scale 1が標準ですので、0.5はその半分の大きさになります。逆に形状を拡大したいときは、たとえばscale 2などとすると2倍の大きさになります。

　なお、POV-Rayにおける命令の記述では、object{・・・}のように、○○{△△}というのが基本的な構文になっていて、これを次々と追加していくことになります。○○のところに設定したい事柄（ものを作る。カメラを作る。ライトを作るなど）、△△のところにその設定内容を入れます。前頁の例では、○○にobjectが入っていて、何かの形状を作る意味になっていたのです。以下、POV-Rayの命令文がいくつも登場しますが、要は、○○、△△に入る文のバリエーションが増えるだけであることに注意しましょう。

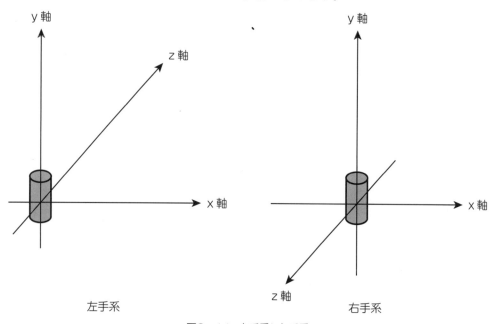

図3-11　右手系と左手系

親指がx座標、人さし指がy座標、中指がz座標と考えてください。右手系と左手系の違いがわかると思います。POV-Rayなど、3Dソフトでは奥行き方向をz軸と考えることが多いので座標を指定するとき注意しましょう。

② **撮影のためのカメラの設定（視点、注視点、画角）**

　形状を作ってもカメラがないと何も写りません。また、カメラに写り込む画像は、「**視点**」「**注視点**」「**画角**」によって決まります。ここで、「**視点**」はカメラの位置、「**注視点**」はカメ

ラが注視している場所です。また、大きなものを近くでカメラにおさめるためには、大きな画角（広角）が必要ですが、その場合、遠近感が強調されます。逆に、遠くの物体を大きくカメラにおさめるには、画角を小さくする必要があり（望遠）、その場合遠近感はなくなります。いずれにしても、形状がカメラに写り込むためには、視点を頂点とし頂点の鋭さが画角で決まるような四角錐（ビューボリューム）の中に形状が入り込んでいることが必要です。四角錐の外側の形状はカメラに映りません（図3-12参照）。POV-Rayでは、このようなカメラの「視点」「注視点」「画角」を次のような文で記述します。

　　camera{ location<0,4,-10> look_at<0,0,0> angle 40}

　ここで、location<0,4,-10>とは、視点すなわちカメラのある座標 (x, y, z) が (0, 4, -10) であることを表しています。次のlook_at<0,0,0>は、注視点の座標が (x, y, z) = (0, 0, 0)、すなわち原点であることを表しています。angle 40は画角が40度であることを表しています。これらの数値を変更すると、カメラに写る画像が変わります。

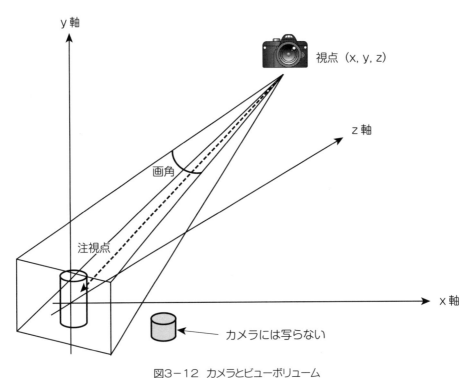

図3-12　カメラとビューボリューム

　　カメラに写る空間領域はビューボリュームと呼ばれ、四角錐の形をしています。四角錐の
　　頂点が視点、頂点における角度が画角です。

③ 照明の設定による光と影の効果

　形状を作り、カメラをその形状が映り込むように設定しても、光がなければ真っ暗で何も

写りません。光源の設定項目は、「光源の位置」「光源の色」が基本的です。光源をスポットライトにしたい場合は光源の向き、広がりも関係します。

POV-Rayでは、次のような構文を用います。

light_source{<-20,20,-20> color rgb<1,1,1>}

ここで、<-20, 20, -20>とは、光源の位置座標が（x, y, z）=（-20, 20, -20）であるという意味です。光源の色はcolor rgb<1,1,1>で設定しています。3原色の赤、緑、青がすべて最大値1で、合わせて白色光になっています。室内灯など、光源が近いところにあるような状況を再現したければ、光源の位置座標を正確に入力する必要があります。一方、太陽光などは光源が非常に遠くに離れています。このような光源は**無限遠光源**と呼ばれます。

④ 背景の設定

3CGでは、必要があれば、地面を作り、背景（無限遠方の様子）も設定します。地面は簡単なものでよければ、広い平面形状などを使います。

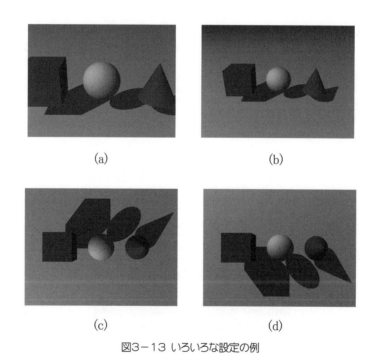

図3-13 いろいろな設定の例

(a) 中央の球に加え、立方体と円錐をx軸上に並べました。(b) カメラの画角を60に広げました（カメラ設定 angle 40 を angle 60 に変更）。(c) 注視点は原点のまま、カメラ視点をy軸上に置きました（カメラ設定 location<0,4,-10>を location<0,10,0>に変更）。(d) 光源の位置をz>0の方に移動しました（light_source{<-20,20,-20> color rgb<1,1,1>}を light_source{<-20,20,20> color rgb<1,1,1>}に変更）。

POV-Ray では、無限に広い xz 平面を次の文で作ることができます。

 object{ Plane_XZ pigment{color rgb<1,1,1>} translate <0, -2, 0>}

ここで、Plane_XZ は xz 平面を作る意味です。同様な方法で yz 平面、xy 平面も作ることができます。また、背景色を次のように設定できます。

 background{ color<0, 0.5, 0.5>}

color<赤の強度, 緑の強度, 青の強度>で色を設定するわけです。
 この①②③④の項目を利用して生成した画像の例を、図 3-13(a)から(d)に示します（演習問題 16、17 参照）。

3-3-4　3DCG のいろいろなテクニック
■ **集合演算**（CSG 表現、ブーリアンモデリング）
 球、立方体、円錐、円柱といった形状は単純に思えますが、やや複雑な形状もこれらを組み合わせることで作成可能になります。基本的な形状（プリミティブ）を組み合わせて、より複雑な形状をモデリングする方法として集合演算（和、差、積）を利用する方法があります。これは **CSG**（**Constructive Solid Geometry**）表現とか**ブーリアンモデリング**などと呼ばれます。
 たとえば POV-Ray では、union を使って 2 つの形状（2 つの object）を結び付けることができます。構文は次のようになります。

 union{ object{Sphere pigment{color rgb<1,1,1>} scale 1 translate <0, 0, 0>}
   object{ Sphere pigment{color rgb<1,0,0>} scale 1 translate <0, 1.5, 0>}}

 2 つの object の位置座標（translete の設定）で 2 つの形状の組み合わされ方が変わってくるので注意してください。差や積はそれぞれ、union の代わりに、difference、intersection を使います。図 3-14 に和、差、積の結果を示しています。

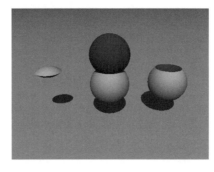

図3-14　球状のプリミティブに集合演算を施した例
 左から 2 つの球に、乗算（intersection）、和（union）、差（difference）を適用しました。

■ 材質設定

3DCG の魅力は何といっても形状の材質を設定することです。これにより、ガラス、金属などの物体を光が**透過**したり**反射**したりする様子を再現できます。

図 3-15 は、金属とガラス状の材質に設定しレンダリングした結果です。金属には、まわりの風景が球に反射しカメラに写っていることがわかります。ガラスの設定では後方の模様が透けて見えますが、ガラスの**屈折率**の違いにより見え方が違います。光が屈折する現象はお風呂でおなじみの現象ですね。また、光源の光が形状に反射してカメラに入り込むことで、球面に「てかり」ができています。3DCG における材質設定により、**拡散反射光**による材質の明るさ（色の強度）だけでなく、**鏡面反射**（光源からの光や周辺形状からの反射光が物体に反射してカメラに写り込む）や光の透過の現象も再現できるのです。

図3-15　いろいろな材質設定
左から金属、屈折率 1.5　屈折率 2.42

POV-Ray では、次のような構文で材質設定ができます。上から順番に金属球、屈折率 1.5 のガラス球、屈折率 2.42 のガラス球（ダイヤモンド）です。

```
object{ Sphere translate <-3, 0, 0>   texture{T_Gold_4C}   scale 1}
object{ Sphere translate <0, 0, 0>    texture{T_Glass3} interior{I_Glass ior 1.5} scale 1}
object{ Sphere translate <3, 0, 0>    texture{T_Glass3} interior{I_Glass ior 2.42} scale 1}
```

■ テクスチャマッピング

物体の表面色のデータ（テクスチャ）を BMP 画像などの絵柄として作り、3 次元形状の表面に貼り付けて表面色を付ける作業を、**テクスチャマッピング**といいます。テクスチャマッピングには、単純に模様を貼り付ける以外にも「**バンプマッピング**」「**トリムマッピング**」と呼ばれるような特殊な機能をもったものがあります。バンプマッピングでは、模様に沿って凹凸を表現します。トリムマッピングでは、模様に沿って光を透過させ、結果的に穴が開いた形状表現ができます。これらは、レンダリングを行う際に光の反射や通過の仕方を修正して計算することで可能になっています。バンプやトリムは、モデリング作業で形状を変えな

くても、レンダリング時に形状に細かい凹凸があるように見せかけたり穴をあけたりできる強力な方法といえます。図3-16にテクスチャマッピングを利用した例を示します。

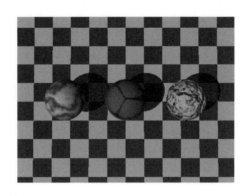

図3-16　いろいろなテクスチャマッピング

左から、石模様、レンガ模様、石模様のバンプマッピング

3-3-5　立体形状を作る発想 ― 3面図と掃引 ―

多くの3DCGソフトにおいて、モデリング作業はグラフィカルなインターフェイスを使用します（POV-Rayは少数派です）。その際に必要となる基本的な発想として、**3面図**の利用と**掃引（スイープ）**によるモデリングについて説明します。

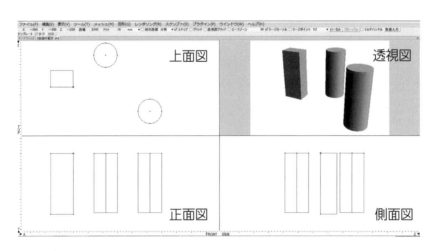

図3-17　3面図の利用

左下が正面図、左上は上面図、右下は側面図、右上は透視図。正面図では似た四角形が3つありますが、上面図や透視図で見ると、形や位置が違います。CGソフトShadeによる画面。

立体を平面上のモニタで認識する代表的な方法として3面図があります。3面図は、直交する三方向から形状を描画した「正面図」「上面図」「側面図」からなります。ここで注意し

たいのは、立体は一方向から見ただけでは形状が判別できないということです。図 3-17 には3 つの異なる立体が作成されています。正面図だけでは形状の違いが判別できませんが、奥行方向の位置が違うことが上面図からわかります。このように、3D の形状作成においては、複数の角度から形状と位置（マウスカーソルの位置も）を確認しながら作っていくことが重要になります。

　形状作成の方法のうち「回転スイープ・平行スイープ」は代表的なものです。身のまわりの物体を観察すると、コップや皿など回転対称性をもつものや、棒など断面をどこで切っても同じ形状のものがよく見られます。このような性質をもつ形状は、平面形状を回転したり平行移動したりすることで生成できます。図 3-18 はそのような方法で、グラスを作成している例です。図 3-18 には、正面図でグラスの断面が描かれています。この時点では形状は奥行きがないペラペラの紙みたいなものなので、上面図や側面図では線のようにしか見えません。これを回転軸（y 軸）まわりに**回転掃引**するとグラス形状になります。このような立体（パラメトリック曲面）も、**掃引**を利用すれば断面形状を作るだけで簡単に作成できます。

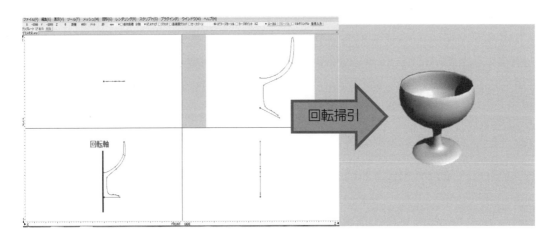

図3-18　回転スイープ（掃引）によるモデリングの例

　　左の正面図にはコップの断面と回転軸が示してあります。右は回転スイープ（掃引）に
　　よってモデリングされたもの（画像はレンダリングした画像）。

3-4　レンダリングの原理と機能

3-4-1　レイトレーシング法

　これまで、3DCG のモデリング法とレンダリングされた結果の画像例を見てきましたが、ここでレンダリング時にコンピュータがどんな計算をしているのか考えてみましょう。

　レンダリングで最も基本的な作業は、「物体に隠れて見えなくなる点を表示しない」すなわち「陰面消去」を行う作業です。3-3 節で紹介した POV-Ray では「**レイトレーシング（ray** tracing）法」というレンダリング法が使用されています。レイトレーシング法では、「カメラ（視点）」と「投影面を構成する画素」の2点を通る直線と、立体形状の交点を求め、その画素に入るべき色を割り出していきます（図3-19）。レイトレーシング法は、光が直進するという自然現象を模しているため、「光源の種類（点光源、平行光源）」、「光の反射（拡散反射、鏡面反射）と透過」、「光源の色と物体の色の関係」などの現実の現象が考慮されます。よって、光をリアルに描画するのにふさわしいレンダリング法といえます。ただし、画素ごとに上述の計算を行うため計算量は多くなり、描画に若干の時間を要します。

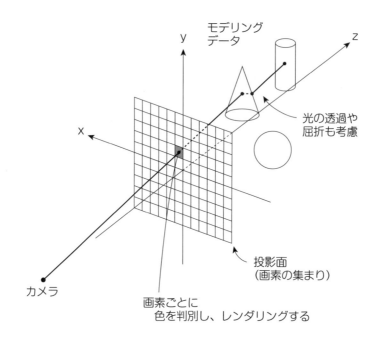

図3-19 レイトレーシング法のイメージ図

投影面を構成する画素ごとに計算を行う。

3-4-2 その他のレンダリング法

　レイトレーシング法では光の反射と透過を考慮したきれいな描写が可能ですが、描画が遅いという欠点があります。一方、高速なレンダリング法としては「**Zバッファ法**」や「**スキャンライン法**」という方法が有名です。形状の各要素の奥行き座標を比較して陰面消去を行うのがZバッファ法、3次元データの輪切りデータから奥行き情報を割り出すのがスキャンライン法です。これらは原理的に光の忠実な描画ができませんが、高速な描画が可能なので、操作しながらリアルタイムで変動する画像などを扱うのに使われます。

　逆に、レイトレーシング法よりも写実的な明暗表現ができるレンダリング法として**ラジオシティ法**と呼ばれるものがあります。レイトレーシング法は光の直進性を利用して、光源から見て陰になる部分を割り出します。しかし、現実の光はいろいろな場所を反射し、光源か

ら見て陰になる部分にも光が回り込むことができます（**間接光**）。たとえば、部屋のソファの下などがうっすらと明るいのは間接光があるからです。ラジオシティ法では、間接光によるうっすらとした明るさもコンピュータで計算し再現します。このようなレンダリング法は、インテリアデザインなど、明るさに関するシミュレーションが重要になる場合に有用です。ちなみに図3-15や図3-16で見られる影のように、レイトレーシング法でも光源に隠れた部分に明るさを設定できます。しかしこれは、間接光の強さを人為的に数値で設定したものであり、物理的な計算にもとづいているわけではないのです。

3-5 アニメーション
― さらにコンピュータグラフィックスを楽しむために ―

少しずつ異なる多数の画像を高速で次々見ると、連続的に動く動画のように見えます。**アニメーション**の原理はこのような単純なものですが、多数の画像を必要とするため、その制作には大変な労力が必要とされてきました。しかしCGの利用によりアニメーション制作はより身近なものになってきました。ここでは、ごく簡単にコンピュータを使ったアニメーションの特徴と代表的な制作方法を紹介します。

3-5-1 GIFアニメーション

アニメーションの原理をそのまま利用した素朴なアニメーションを作る方法として、**GIFアニメーション**があげられます。GIFアニメーションは複数の少しだけ異なる絵をGIF画像として用意するだけで作れます。GIF画像を並べるだけの簡単なソフトがフリーウェアやインターネットで利用できます。

3-5-2 フレームレート・キーフレーム法・モーフィング

もう少し本格的なアニメーションを制作するためには、フレームレートを意識する必要があります。アニメーションを構成する1枚1枚の画像をフレームといいますが、フレームレートとは1秒間あたりの**フレーム数**（フレーム・パー・セカンド。fpsと略される）のことで、たとえば、映画やアニメーションでは、おおよそ24fpsが使われています。このような一般的によく使われるフレームレートでは、数秒のアニメーションでもたくさんの絵が必要になります。そこでアニメーション制作者にとって強力な武器となるのが**キーフレーム法（ツイーン）**という技術です。ツイーンでは、制作者は多数のフレームの中からキーとなるフレーム（キーフレーム）をいくつか選び出し、そのフレームだけに形状を作成します。キーフレーム間のフレーム画像は、自動的に中割画像を作成することで補間されます。図3-20は、ツイーンを使って、**モーフィング**と呼ばれるアニメーションを作っているところです。モーフィングとは、形状変形をともなうアニメーションのことで、ベクトル画像の制御点を移動するなどして作成されます。図3-20では、1番目のフレームと24番目のフレームをキーフレ

ームとし、その間のフレーム（中割画像）を自動的に生成しています。ツイーンの方法は、モーフィングに限らず、形状の移動や回転のアニメーションにも適用できます。ツイーンはCGアニメーション制作の効率化のために大変重要で、ベクトル画像のアニメーションのほかにも、GIFアニメーション、3DCGのアニメーション制作全般に広く使われます。

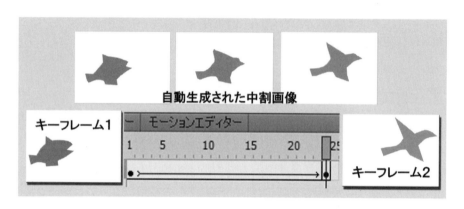

図3-20　モーションツイーンとモーフィング

魚の形が鳥の形に変形するモーフィングの例。キーフレーム間の画像は、自動生成して作ることができます。

3-5-3　3DCGアニメーションの特徴　― 移動、回転とカメラワーク・スケルトンモデル ―

　3D形状を空間的に移動したり回転させることができるのは3DCGの特徴です。カメラについても、視点、注視点、画角を時間的に変化させることでアニメーションができます（カメラワークによるアニメーション）。また、動く人体のポーズなど、3D形状自体が変化するアニメーションを作成する場合、形状の**骨格モデル（スケルトンモデル）**を考える必要があります。

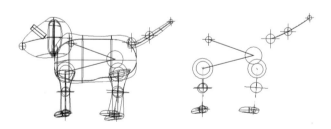

図3-21　犬の骨格モデル

球状の関節が回転すると頭、足、しっぽが動く。右図では、親子関係にある関節が直線で結ばれています。

　たとえば、私たちが体を動かす状況を考えてみましょう。私たちは座ったまま頭を回すこ

とはできますが、頭を固定して胴体（胸）を動かすことはできません。同様に、腰を固定して足を動かすことはできますが、足を固定して腰を動かすことは容易ではありません。このように、人体などの動きには、ある種の親子関係が存在します。先ほどの例では、頭の親は胸、足の親は腰といった具合です。3DCG で人体モデルのアニメーションを作るときには、このような人体パーツ間の親子関係を決める必要があります。これをスケルトンモデルといいます。

　図 3-21 は、犬のモデルとそのスケルトンモデルです。このモデルでは、腰の「子ども」がいきなり「首」になっています。スケルトンモデルは、アニメーション制作の都合に合わせた範囲でなるべく簡単なものでよく、現実の骨格を完全に再現する必要はありません。

3-5-4　インタラクティブなアニメーション

　CG アニメーションをゲームや動きのある Web ページに応用するためには、マウスやキーボードの操作によってアニメーションが反応するような仕組みが必要です。このようなインタラクティブな（双方向性のある）アニメーションを作るには、プログラミングの知識が必要となります。プログラミングについてはこの章の範囲を超えているので割愛しますが、最近はプログラミング言語に習熟しなくてもゲーム制作などができるようソフトウェアも工夫されてきました。そのような場合でも、フレームレートやキーフレームの概念は基本になるはずです。

54　第3章　コンピュータグラフィックスの基礎知識

演習問題

1．最近身のまわりで見かけた CG を思い出し、CG がどのように応用されているか考えて
みよう。

2．いろいろな画像を拡大表示してみよう。たとえばペイントで文字を入力して拡大表示し
てみるとどうなるか。

3．「ドロー系」と「ペイント系」それぞれどんなソフトウェアがあるのか調べてみよう。

4．次のような場合、「ペイント系」「ドロー系」どちらのソフトを使うのがよいか。
「多くの写真を合成・加工し、デザインを行う」「線や図形の形状を考えながら視覚的に
わかりやすい地図をデザインしたい」「形状のアウトライン情報を含むロゴデザイン」
「Word に貼る簡単なイラストを作る」

5．Excel を使い、$y = x, y = x^2$のグラフを作成してください（ヒント：座標を利用する）。

6．ペイントで縦 600、横 800 ピクセルの画像を作ります。座標(400, 300)はどこになるか示
してください。

7．次の場合に適切な画素数を「125×125」「468×60」「600×425」「2894×4093」「2923×
4134」の中から選んでください（それぞれ「横の画素数×縦の画素数」の意味）。
a) A4 サイズ（高さ約 11.70 inch、幅約 8.27 inch）に 350dpi でチラシを印刷する。
b) A3（高さ約 16.54 inch、幅約 11.70 inch）でポスター作製。250dpi で印刷する場合。
c) Web ページ上のスクエアボタンに使う画像
d) バナー広告用の画像
e) 画面の小さいノートパソコンでも余裕をもって表示できる Web ページ用の画像
（主なモニタサイズに XGA 1024×768, SVGA 800×600, VGA 600×480 などがある）

8．右図のように P_0, P_1, P_2, P_3 を配置したときのベジェ曲線はどの
ような曲線になるか。

9．Windows のアクセサリにある「ペイント」はペイント系のソフトですが、「曲線ツール」を使うとき、ベジェ曲線の考え方を利用します。前間の曲線や図 3-5 の曲線などを「曲線ツール」で描いてみましょう（ヒント：まず曲線ツールを選びます。次に P_0 から P_3 までドラッグします。そのあと P_1 付近をクリック、その後 P_2 付近をクリックします。ドロー系のソフトならば、制御点 P_0, P_1, P_2, P_3 をあとで修正して曲線の形を変更できますがペイントではできません）。

10．Excel のグラフ作成機能を使って、ベジェ曲線の折れ線近似をグラフ化せよ（ヒント：セル B2 から B12 までに 0 から 1 まで 0.1 刻みに記入（パラメタ）。C2 から C5 まで、適当な P_0, P_1, P_2, P_3 の x 座標を記入。D2 から D5 まで、適当な P_0, P_1, P_2, P_3 の y 座標を記入。B 列と C 列を使って F2 から F12 まで $P(t)$ の x 座標を計算させる。B 列と D 列を使って、G2 から G12 まで $P(t)$ の y 座標を計算させる。F 列を x の値、G 列を y の値としてグラフ化する。P_0, P_1, P_2, P_3 の座標を変えることで、曲線の形が自由に変えられることを確かめよ）。

11．$P(t)$を t で微分して接線ベクトルを求めよ。t = 0 と t = 1 における接線ベクトルはどのようなものか。

12．Excel のグラフ作成機能「その他のグラフ ― 3D 等高線」を使って、$z = \exp(-x^2-y^2)$を 3D グラフ化したもの（図 3-7）を作ってください。

13． 2 次曲面の種類をすべて調べ、陰関数によって表現せよ。

14．パラメトリック曲面はベジェ曲面以外にどのようなものがあるか調べよ。

15．POV-Ray のコマンドにおいて、次はそれぞれどんな色になるでしょうか。
rgb⟨1,1,0⟩　　　rgb⟨0,1,1 ⟩　　　　rgb⟨1,0,1⟩　　　　rgb⟨0,0,0⟩

16．図 3-13(a)の立方体、円錐の座標はおおよそどの辺と考えられるか。図 3-13(a)でカメラ視点⟨50, 50, 0⟩に変更したときのレンダリング結果を予想してみましょう。もし、物体が遠く小さく写っていた場合、画角をどうしますか。

17．POV-Ray をダウンロードし、図 3-13、図 3-14、図 3-15 にあるような画像を作成してみましょう（ヒント：ダウンロードと POV-Ray の使い方、この問題の解答も付録にあります）。

18. 次の形状を CSG 表現で作るとすれば、どのような形状をどのように組み合わせるか。「柄のついたアイス」「灰皿」「凸型レンズ」

19. アニメーションの動きの速度を遅くするためにフレームレートを変更するとする。どのように変更するか。ただし用意されたフレーム数は変えないとする。

20. GIF アニメーションを作ってみよう。

中間試験問題1

1．画像を拡大表示したとき、画素のがたつきが見えるのは、「ペイント系」「ドロー系」どちらのソフトウェアか。

2．次の説明はモデリングに関する用語である「陰関数表現」「パラメトリック曲面」「ポリゴン」「CSG 表現」「回転スイープ」のうち、どれを説明しているか。
   a) 曲面を多数の平面（三角形や四角形）をつなぎ合わせて近似したもの。
   b) 球、立方体、円錐、円柱など比較的単純な図形を集合演算（和、差、積）により組み合わせて、より複雑な形状を表現すること。
   c) 3つの変数を含む数式 f(x, y, z) = 0 を満たす点集合 (x, y, z) により曲面を定義したもの。
   d) コップや皿など回転対称性をもつ形状を、断面の形状を回転し生成すること。
   e) 曲面を2つのパラメタを含む係数のかかった、いくつかの3次元座標の和で表したもの。

3．「円錐」「円柱」「四角柱」の各図形を、3面図を使ってスケッチしてください。

4．次の図形は回転スイープ、平行スイープのどちらで作りますか。
   「コップ」「さら」「まな板」「まるテーブル」「会議用の長机」「ドーナツ」

5．次の文は「Z バッファ法」「レイトレーシング法」「ラジオシティ法」のうち、どのレンダリング法を説明しているか。また、POV-Ray で使われているのはどのレンダリング法か。
   a) 「カメラ（視点）」と「投影面を構成する画素」の2点を通る直線と、形状の交点を求め、その画素に入るべき色を割り出していきます。この方法は光の直進性を模しているため、光の描写を再現するのにふさわしい。
   b) 形状の各要素の奥行き座標を比較して陰面消去を行う。高速な描画が可能なのでリアルタイムに変動する画像などを扱うのに使われます。
   c) 拡散反射や鏡面反射だけでなく、光源からみて陰になる部分に入り込む間接光も計算し再現する。

6．CG でアニメーションを作る利点としてどのようなことがあげられるか。

第4章　インターネットの仕組みと情報セキュリティ対策

　この章ではインターネットの仕組みについて説明します。また、グローバルIPアドレスとプライベートIPアドレスとの関係について簡単に説明します。次に情報セキュリティ対策について説明します。

4-1　インターネットの仕組み

　コンピュータをネットワークに接続しないで、コンピュータを単体で利用する形態を**スタンドアロン**（Stand-alone）といいます。スタンドアロンは、ワープロ（Word processor）ソフトや、表計算ソフトで、文章を書いたり表作成したりする業務に使用します。現実にはコンピュータ単独で行う仕事ばかりでなく、複数のコンピュータとネットワークで接続して、共同作業を行ったりする仕事の方が多く存在しています。そのため、コンピュータをネットワークに接続して、はじめてコンピュータを利用しているといわれるほどです。**インターネット**（Internet）とは、単一のネットワークだけでなく複数のネットワークが接続された全世界的なネットワークを表しています。会社や学校などのように直接、線で結び付けられる範囲におけるデータ通信網を **LAN**（Local Area Network）と呼びます。異なる場所や地域におけるデータ通信網を **WAN**（Wide Area Network）と呼びます。インターネットは図4-1に示すように、これらの LAN や WAN も含めて総称した、複数のコンピュータ・ネットワークをつなぐネットワークのことをいいます。

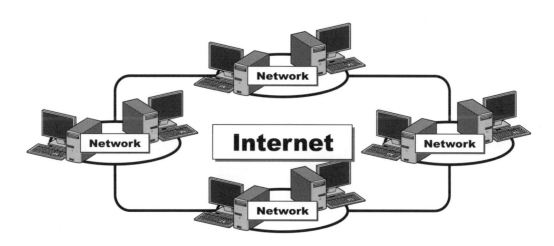

図4-1　インターネット

　次に、インターネットの主な年表を表4-1に示します。

60　第4章　インターネットの仕組みと情報セキュリティ対策

表4-1　インターネットの歴史

	アメリカ	日本
1969年	アメリカ国防総省の高度研究プロジェクト機関ARPA(Advanced Research Project Agency)によるARPANETの実験開始	
1983年	ARPAで初めてTCP/IPを使用 カリフォルニア大学がUNIX-OSを発表	
1984年		JUNET(Japan University NETwork)の実験発足。慶應義塾大学、東京工業大学、東京大学の3校を接続
1986年	全米科学財団がNSFNET(NSF：National Science Foundation)の運用開始	
1988年		WIDE(Widely Integrated Distributed Environment)プロジェクト開始
1990年	ARPA解体。NSFNETが中心となる。インターネットの商用サービス解禁	
1993年		インターネットの商用サービス開始

商用ネットワークの開放とともに、インターネットは急速に発展

　表4-1で示したように、インターネットの起源は1969年にARPAが軍事目的で開始したARPANETであるとされています。1986年からNSFNETの運用を開始したNSFがその後を引き継いでいます。日本におけるインターネットの起源は、1984年に開催されたJUNETです。JUNETは慶應義塾大学、東京工業大学、東京大学間で構築された研究ネットワークです。その後、1988年から民間企業も参加したWIDEプロジェクトでネットワーク技術などの実験が行われ、その技術と方式は現在のインターネットに受け継がれています。1990年にARPANETは終了します。そして、1993年にインターネットの商用サービスが開始となり、インターネットは急速に普及することになります。1995年に、IE（Internet Explorer）が標準装備されたWindows95により、インターネットの利用が急速に増大します。2004年頃からインターネットの利用環境は1990年代と比較して大きく変化し、ティム・オライリー（Tim O'Reilly）はWeb2.0[1]と表現しています。

――――――――――

[1] Web 2.0とは、2000年代中頃以降における、Webの新しい利用法を指す流行語です。2005年に発祥し、その後2年間ほど流行しました。ティム・オライリーによって提唱された概念であり、狭義には旧来は情報の送り手と受け手が固定され、送り手から受け手への一方的な流れであった状態が、送り手と受け手が流動化し、誰もがWebサイトを通して、自由に情報を発信できるように変化したWebの利用状態のことをいいます。(Wikipedia 2017年11月6日参照)

次に、コンピュータをネットワークに接続して利用する場合に、どのようなデータをどのようなタイミングで送受信するかを、通信するコンピュータ同士で定まった約束事をもとにして行う必要があります。その約束事（通信規約）のことを**プロトコル**（Protocol）といいますが、もっともよく利用されているのが **TCP/IP**（Transmission Control Protocol / Internet Protocol）です。開放型システム間相互接続基本参照モデル（Open Systems Interconnection Basic Reference Model：**OSI 参照モデル**）は表 4-2 に示す 7 階層の通信機能モデルを定めています。

表4-2　OSI 参照モデルの各階層ごとの役割

階　層	役　割
応用層 （第 7 層）	電子メール、ファイル転送、ディレクトリなどの特定応用サービスおよび遠隔操作サービスなどの共通応用サービスを提供しています。
プレゼンテーション層 （第 6 層）	データの表記方法を決定しています。文字コード、データ圧縮、暗号化などの機能を提供しています。
セッション層 （第 5 層）	送り手と受け手との間のデータ転送手順を決定しています。
トランスポート層 （第 4 層）	データ伝送の信頼性を保証するための機能を提供しています。
ネットワーク層 （第 3 層）	通信を行うコンピュータに対して、一意に特定できるようにするためのアドレスを定義しています。このアドレスを使って通信経路を定めています。
データリンク層 （第 2 層）	線路選択のない隣接しているコンピュータ間での通信方法を定めています。
物理層 （第 1 層）	コネクタの形状や位置、また通信回線の電圧レベルなど電気的、機械的な規格を定めています。

表 4-2 において、応用層でよく利用されるプロトコルを説明します。

1）HTTP（Hyper Text Transfer Protocol）
Web ページなどを WWW ブラウザで見るために、Web サーバとクライアント（WWW ブラウザ）との間で Web ページの送受信を行うためのプロトコルです。

2）SMTP（Simple Mail Transfer Protocol）/ **POP**（Post Office Protocol）
電子メールサービスを提供しているプロトコルです。SMTP は電子メールをメールサーバに送信するプロトコルで、POP は PC がメールサーバから電子メールを受信するプロトコルです。POP3 は POP のヴァージョン 3 ということです。

3）FTP（File Transfer Protocol）
インターネットからファイルをダウンロードしたり、アップロードしたりするファイル転送用のプロトコルです。

62　第4章　インターネットの仕組みと情報セキュリティ対策

4-1-1　IPアドレスとドメイン名

　IPアドレスとは、インターネットからファイルをダウンロードしたり、アップロードしたりするファイル転送用のプロトコルです。

　ネットワークに接続されているPCやサーバなどを特定するために、IP（Internet Protocol）アドレスを付けます。現在、32ビットのIPアドレス（IPv4）が使用されています。表示は10進数で表されます。その例を図4-2に示します。

2進数	11000000	10101000	01011010	00000001
10進数	192	168	90	1
IPアドレス	192.168.90.1			

図4-2　IPアドレスの表し方

　IPアドレス32ビットで、表すことができる数は2の32乗の約43億となります。すなわち、約43億のコンピュータやサーバが使用可能です。しかし、ユビキタス社会になり、冷蔵庫、電子レンジなどの家庭電化製品をインターネットに接続するとなると、IPアドレスが枯渇（こかつ）状態となります。そのため、IPアドレスを128ビットまで増加する規格 **IPv6** が作成されています。このようなIPアドレスは数字だけでは覚えづらいので、人間が覚えやすいようにしたものが**ドメイン名**です。IP アドレスとドメイン名を対応させているのが **DNS**（Domain Name System）**サーバ**です。

　http://www.kantei.go.jp/という URL（Uniform Resource Locator）により、首相官邸の Web ページへ行くことが可能となります。ここで、http は Web ページを見るためのプロトコルです。

　www.kantei.go.jp は**ドメイン名**で、go は組織名、jp は国名となります。

　主な組織名、主な国名のドメイン名は、表4-3、4-4にそれぞれ示します。アメリカのドメイン名および、個人でも法人でも取得できるアメリカの主なドメイン名を表4-5に示します。これらのドメイン名は誰でも取得できます。

表4-3　主な組織名とドメイン名

組織のドメイン名	組 織 名
ac	大学、大学共同利用機関など
ad	ネットワーク管理団体
co	企業
go	政府機関
or	その他の団体
ne	ネットワークサービス
ed	(a) 保育所、幼稚園、小、中学校、高等学校など (b) (a)に準じる組織、ほか

表4-4 主な国名とドメイン名

国のドメイン名	国　名
au	オーストラリア
ca	カナダ
cn	中国
de	ドイツ
es	スペイン
fr	フランス
it	イタリア
jp	日本
kr	韓国
uk	イギリス

表4-5 アメリカのドメイン名

組織のドメイン名	内　容
com	本来は商業活動を行う組織名
net	本来はネットワークサービスを行う意味でのドメイン名
org	本来は非営利団体を意味するドメイン名

4-1-2 ネットワークアドレスとホストアドレス

IPアドレスは、ネットワークアドレスとホストアドレスの2つの部分に分けることができます。IPアドレスは4バイト（32ビット）で、ネットワークアドレスとして1バイト（8ビット）、ホストアドレスとして3バイト（24ビット）とした場合、このようなネットワークは大規模クラスで、クラスAとなります。ネットワークアドレスとして2バイト（16ビット）、ホストアドレスとして2バイト（16ビット）とした場合、ネットワーク規模は中クラスで、クラスBとなります。ネットワークアドレスとして3バイト（24ビット）、ホストアドレスとして1バイト（8ビット）とした場合、ネットワーク規模は小規模クラスで、クラスCとなります。それぞれの説明は、図4-3(a)、(b)、(c)にそれぞれ示しています。

図4-3(a)に示すように、クラスAでは、先頭の1ビットが0となり、図4-3(b)に示すように、クラスBでは先頭から2ビットが10となり、図4-3(c)に示すように、クラスCでは先頭から3ビットが110となっています。クラスAでは、ホストアドレスが24ビットとなりますので、ネットワーク内でのIPアドレスを割り当てることができるコンピュータの数は、$2^{24}-2$で、16,777,214台となり、約1,677万台となります。使用できるコンピュータの数から2を引いたのは、ネットワークアドレスと接続しているコンピュータへ同報メッセージを流すためのブロードキャストアドレス用としての2つのアドレスは使用できないためです。同

様に、クラスBではホストアドレスが16ビットなので、ネットワーク内でのIPアドレスを割り当てることができるコンピュータの数は、$2^{16} - 2 = 65,534$台となります。クラスCではホストアドレスが8ビットなので、ネットワーク内でのIPアドレスを割り当てることができるコンピュータの数は、$2^8 - 2 = 254$台となります。

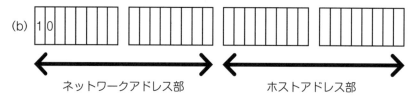

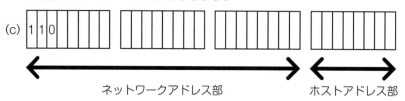

図4-3 クラスA,B,Cにおけるネットワークアドレス部とホストアドレス部との関係

4-1-3 サブネットマスク

　IPアドレスは、ネットワークアドレスとホストアドレスの2つの部分に分けるという説明をしてきました。どこまでがネットワークアドレスで、どこからがホストアドレスかを指定し、ネットワークアドレスを求めるためには**サブネットマスク**が使われます。

　たとえば、どちらの端末のサブネットマスクも255.255.255.0とします。端末AのIPアドレスが192.168.1.1とします。端末AのIPアドレスを2進数に変換したものを①に示します。サブネットマスクを2進数に変換したものを②に示します。③には、①と②の値をAND演算した結果を示します。

　①　11000000.10101000.00000001.00000001
　②　11111111.11111111.11111111.00000000
　③　11000000.10101000.00000001.00000000

同様にして、端末BのIPアドレスは192.168.1.244とします。端末BのIPアドレスを2進数に変換したものを④に示します。⑤にはサブネットマスクを2進数に変換したものを示し、④と⑤の値をAND演算した結果を⑥に示します。

④　11000000.10101000.00000001.11111110
⑤　11111111.11111111.11111111.00000000
⑥　11000000.10101000.00000001.00000000

　③と⑥は、同じ値となりますので、同一のネットワークアドレスであることがわかります。

4－1－4　グローバルアドレスとプライベートアドレス

　IPアドレスには、**グローバルアドレス**と**プライベートアドレス**の2つがあります。インターネットに接続する場合、世界中のコンピュータが一意に識別できるようにしなければなりません。そのために、重複のないグローバルなアドレスを使う必要があります。このようなグローバルなアドレスを管理しているのが、**ICANN**（Internet Corporation for Assigned Names and Numbers）という組織です。一方で、LAN内で使用するアドレスがプライベートアドレスとなります。プライベートアドレスは、同じIPアドレスがインターネット上に存在する可能性もあるので、プライベートアドレスのままインターネットに接続することはできません。そこで、プライベートアドレスからグローバルアドレスへ変換する必要があります。これを行う仕組みは、**NAT**（Network Address Translation）で行います。NATは1つのプライベートアドレスを1つのグローバルアドレスに変換します。1つのグローバルアドレスを複数台のローカルアドレスで使用するための方法が**IPマスカレード（NAPT）**です。

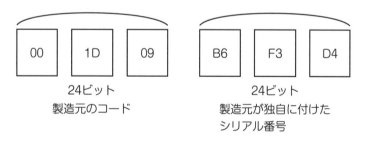

図4-4　MACアドレス表記例

　LAN内でのPC管理のために、プライベートIPアドレスと同時に、使用するPCが製造出荷時点で割り振られる48ビットの**MACアドレス**を申請させることもあります。MACアドレスは図4-4に示すように、6バイトで、前の3バイトが製造元を表し、後ろ3バイトが製造元が独自に付ける番号となっています。IEEEが管理していて、世界中の機器でも重複した番号にならないようにしています。プライベートIPアドレスをLAN内で使用するコンピュー

タの1台1台に付けることが面倒な場合、また、ノートPCのように移動して利用したい、という場合のために、そのつど、移動先で自動的にIPアドレスを取得できるようにした仕組みがDHCP（Dynamic Host Configuration Protocol）です。

4-2 情報セキュリティ対策

インターネットの普及にともない、不正アクセスやコンピュータウイルスによるデータの改ざん、破壊、漏洩などが多発し、いまや社会問題にまでなっています。このような被害にあわないようにするためには、次に示す情報セキュリティ対策を行う必要があります。

4-2-1 コンピュータウイルス対策

コンピュータウイルスは、インターネットを通じてダウンロードしたファイルやEメールなどからコンピュータに侵入して、テキストデータやプログラムを破壊してしまうもの、OS（Operating System）やPC（Personal Computer）に被害を与えてしまうもの、個人情報などをメールで勝手に送信してしまうものまであり、インターネットの普及により、その数は膨大な量となっています。コンピュータウイルスの感染概念図を図4-5に示しています。

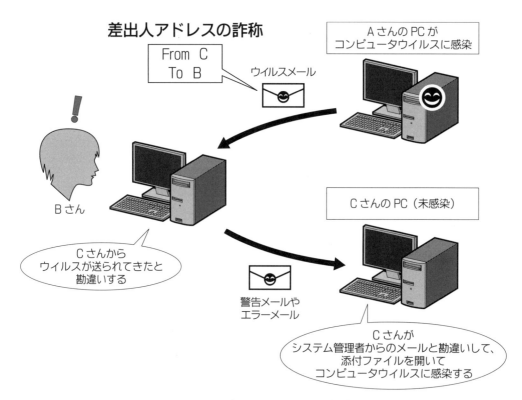

図4-5 コンピュータウイルスの感染概念図

自分のパソコンがコンピュータウイルスに感染すると、自分が被害にあうことはもちろんですが、インターネットを通じて友達やほかの人々にも被害が及んでしまうかもしれません。そうならないように次の項目を遵守しましょう。

1）ウイルスを早期に検出し、ウイルスを駆除して、破壊されたファイルを修復する**ウイルス対策ソフトウェア（ワクチンソフトウェア、アンチウイルスソフトウェア）**をPCへインストールすること。

2）ウイルス対策ソフトウェアは、発見されたウイルスを記録したウイルス定義ファイル（パターンファイル）を使ってウイルスを検出し、感染している場合は感染ファイルを修復します。そのため、パターンファイルは最新の状態にしておくこと。

3）Eメールの添付ファイルは、ウイルスチェックを行ってから開くこと。

4）インターネット上からダウンロードしたファイルは、ウイルスチェックを行ってから開くこと。

5）USB（Universal Serial Bus）メモリやCD（Compact Disc）などの記憶媒体をPCで使用するときは、自動または手動でウイルスチェックを行うこと。

6）ウイルスに感染したと気づいて、そのPCをネットワークで利用している場合は、2次感染を防ぐために、直ちにPCに接続されているLANケーブルを抜き、ネットワークから分離すること。

7）使用しているPCが、学校、会社など管理者がいる場合、直ちに管理者へウイルスに感染したことを届け出ること。

4-2-2 スパイウェア対策

スパイウェアは、ユーザが気づかないようにPCへ侵入し、ユーザの個人情報やユーザのアクセス履歴などを収集し、外部へ送り出すプログラムです。スパイウェアは、インターネットから入手できるオンラインソフトウェア上に組み込まれている場合が多く、実はインストール時に表示される使用条件に、スパイウェアが含まれていることを明記した場合があります。その場合、ユーザが使用条件を熟読しないで同意することにより、許諾してインストールされることになります。そのため、スパイウェアは直ちに違法ということにはならないのですが、コンピュータウイルスとは異なり、個人情報をユーザが知らないで提供することになりますので注意が必要です。スパイウェアの多くは裏で活動するため、ユーザが直接目にすることはできませんが、画面上にポップアップ広告が表示されたり、インジケータに見知らぬアイコンが追加されたりなど不審な状態になったとき、スパイウェアが侵入しているかも知れないと疑ってみる必要があります。スパイウェアの説明図を図4-6に示します。

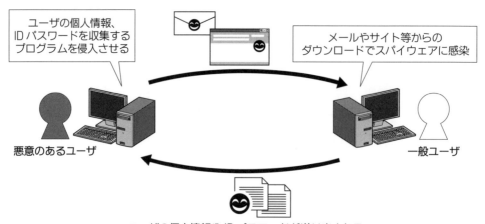

図4-6 スパイウェアの説明図

スパイウェア侵入の予防対策として次のことを遵守しましょう。

1）スパイウェアの侵入を監視するソフトウェアを導入すること。スパイウェア対策ソフトウェアも、新しいスパイウェアへ対応するためには最新の定義ファイルを入手しておくこと。

2）スパイウェアはActiveXを使ってインストールされることがあります。そのため、ActiveXを安易にPCへインストールしないこと。

3）あやしいWebサイトに近づかない、不審なメールは開かないこと。

4）PCの情報セキュリティを強化すること。

5）万が一のために、必要なファイルはバックアップをとっておくこと。

4-2-3　フィッシング詐欺対策

フィッシング詐欺は巧妙な文面のメールなどを用いて、実在する企業（金融機関、信販会社など）のWebサイトを装った偽りのサイトにユーザを誘導し、ユーザの住所、氏名、口座番号などの個人情報を入力させてそれらを盗み取る不正行為です。フィッシングという言葉は造語で、phishing と書きます。ユーザを騙すためにさまざまな工夫がなされています。まず、ユーザのもとにフィッシングメールが届きます。このメールは、送信元がいかにも存在する会社のアドレスに見えたり、メールの本文が真実味のある内容になっているので、ユーザはフィッシングメールだと気づきません。それで、偽のWebサイトへ誘導するリンクが掲示され、リンク先のアドレスも本物に見えるようにしています。リンク先の偽のWebサイトでは、実在の企業名やロゴが使われていたり、実在のWebサイトとほとんど同じになってい

るので、ユーザが気づきません。このようにして入力された個人情報をもとに、Webサイトへ不正アクセスしたり、クレジットカードを不正に使用されたりする被害にあいます。フィッシング詐欺の説明図を図4-7に示します。

このような被害にあわないようにするために次のことを遵守しましょう。

1）メールの差出人のメールアドレスは簡単に偽装できるので、メールの差出人のアドレスを安易に信用しないこと。

2）フィッシングメールは、ユーザが錯誤しやすいようにしていますので、メールの内容を安易に信じない。たとえば、金融機関がパスワードをメールで聞いてきている場合は、直接、金融機関に出向くか、あるいは電話で確認すること。

3）Webサイトには、閲覧するだけでPC内に不正プログラムを埋め込んでしまうものがあるので、安易にリンク先をクリックしないこと。

4）Webサイトが本物かどうかは、まずアドレスバーに正しいURL（Uniform Resource Locator）が表示されているか確認すること。

5）**SSL接続**を示す鍵アイコンを確認すること。

6）フィッシング対策用ソフトウェアを導入すること。

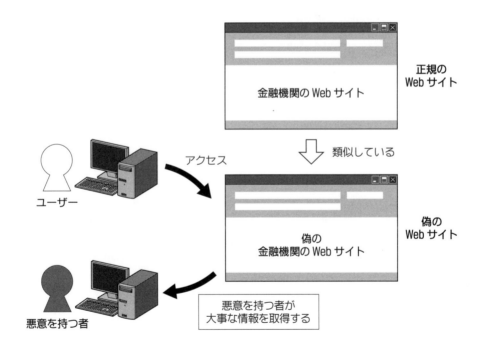

図4-7 フィッシング詐欺の説明図

4-2-4 ワンクリック不正請求への対策

ワンクリック不正請求は、出会い系サイト、アダルトサイト、投資関係サイトなどで何気なくリンクをクリックしたり、広告メールに記載されている URL をクリックしたりすると、「会員登録が完了しました」という表示が出されて、ユーザに対して入会金や登録料などの名目で料金の支払いを求めるのが不正請求行為です。ユーザが PC でアクセスした場合、IP アドレス、接続プロバイダー名などが表示され、携帯電話でアクセスした場合はキャリア名、機種名などが表示され、ユーザは個人情報が特定されてしまっていると勘違いしたり、「自宅や会社へ料金の請求に行く」という脅し文句のメールにより、ついつい支払ってしまうケースがあるようです。ワンクリック不正請求の説明図を図4-8に示します。

このような被害にあわないようにするために、次の項目を遵守しましょう。

1）信頼できない Web サイトへは近づかないようにすること。
2）ユーザがクリックしただけでは、個人情報は取得されていませんので、たとえ請求がきた場合でも無視すること。
3）無視しても、請求が続くようであれば、各地区の消費生活センターや国民生活センター（http://www.kokusen.go.jp　2017年11月3日参照）に相談すること。

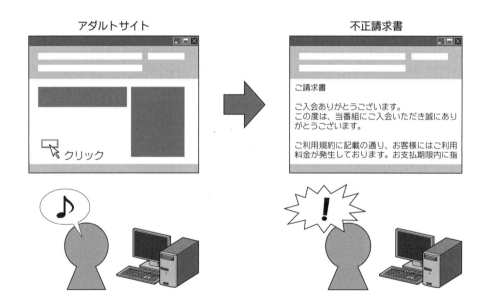

図4-8　ワンクリック不正請求の説明図

4-2-5 ファイル共有ソフトウェア[2]による情報漏洩対策

　P2Pファイル共有ソフトウェアであるWinnyやShareがウイルス感染すると、PC内の送受信メールやWordやExcelなどのデータファイルが、PC内の公開フォルダにコピーされてしまい、世界中のユーザが利用できるようになってしまいます。これは、PC内に保存している個人情報の漏洩につながりますので、注意が必要です。ファイル共有ソフトウェアによる情報漏洩の説明図を図4-9に示します。

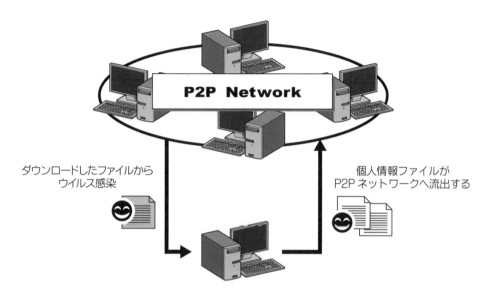

図4-9　ファイル共有ソフトウェアによる情報漏洩の説明図

ファイル共有ソフトウェアからの情報漏洩を防ぐために次のことを遵守しましょう。

1）漏洩しては困る情報を取り扱っているPCにはファイル共有ソフトウェアをインストールしないこと。
2）ファイル共有ソフトウェアをインストールしたPCはネットワークに接続しないこと。

---

[2] ファイル共有ソフトウェアは、ソフトが定めた専用のプロトコルで通信を行うことで専用のネットワークを構成し、そのネットワークに接続された不特定多数のコンピュータとの間で共有されているファイルのやりとりを行う仕組みをもつソフトウェアです。その手法は、当初はHTTPやFTPのようなアップローダーに相当する手法であったが、21世紀に入ると、Peer to Peer技術（P2P技術）を利用したものが主流になってきました。
日本において、当初は一対一でファイルをやり取りすることが主だったことからファイル交換ソフトと呼ばれているが、Winny以降、複数対複数でのやり取りが一般的になってからはファイル共有ソフトとも呼ばれています。
（https://ja.wikipedia.org/wiki/ファイル共有ソフト　2017年11月6日一部抜粋参照）

72 第4章 インターネットの仕組みと情報セキュリティ対策

演習問題

1. コンピュータの歴史（ハードウェアおよびソフトウェア）と、インターネットの歴史を同じ年表に記載して、コンピュータの発達とインターネットの普及との関係を説明しなさい。

2. DNS の働きを説明しなさい。

3. 世界中のコンピュータを考えた場合、インターネットの普及により IP アドレスの枯渇（こかつ）が生じますが、そうならないようにしている IP アドレスの規格は何か。その規格によると、どれくらいまで IP アドレスを付与することが可能か計算してみなさい。

4. コンピュータウイルスとはどのようなもので、その対策として何を行ったらよいかを述べなさい。

5. ユーザが気づかないように PC へ侵入し、ユーザの個人情報やユーザのアクセス履歴などを収集した情報を PC の外部へ送り出すプログラムをスパイウェアと呼びますが、ユーザはどのようなときにスパイウェアを取り込んでいるかを述べなさい。

6. スパイウェア対策として、有効な方法を述べなさい。

7. フィッシング詐欺とはどのようなものかを述べなさい。

8. フィッシング詐欺対策として、SSL（Secure Socket Layer）の設定があります。SSL は、インターネット上で個人の情報などを送信する際に情報の漏洩を防ぐ暗号化技術です。ユーザが利用しているブラウザで、SSL 機能を有効に設定する必要があります。SSL の具体的な設定方法を述べなさい。

9. 出会い系サイト、アダルトサイト、投資関係サイトなどで何気なくリンクをクリックしたりするとワンクリック不正請求を受けることがあります。請求を受けたときの適切な対応方法を述べなさい。

10. ファイル共有ソフトウェア Winny や Share はファイルを共有できるという点では大変便利なソフトウェアですが、これらのソフトを PC にインストールして、どのような状態になった場合に情報漏洩が起きるのかを述べなさい。

11. Winny や Share などのファイル共有ソフトウェアを利用する PC に、個人情報のデータを一緒に保存しておいてインターネット上で利用することはどうしていけないかを述べなさい。

中間試験問題2

問題1．次の①から⑱までに次ページの語群から適当と思われる語を選んで解答欄に書きなさい。

1．（①）作成は、名前か数字だけではなく、本人しかわからない数字とアルファベットの組み合わせ（②）以上とすること。

2．OS やアプリケーションソフトの使用について、セキュリティ情報を確認してアップデートや（③）を適用すること。

3．コンピュータウイルス対策ソフトを PC に導入し、（④）は最新の状態にすること。

4．メールの添付ファイルは開く前に（⑤）を行うこと。

5．（⑥）に感染したと思われるときは、直ちに（⑦）へ届け出て、次に行うべき指示を受けること。

6．差出人が不明なメールや不自然なファイルが添付された（⑧）を受信したとき、添付ファイルを開かないで、直ちにメールごと（⑨）すること。

7．インターネットを閲覧するソフトウェア（ブラウザ）のセキュリティレベルを（⑩）することにより、安心して Web ページを見るようにすること。

8．学業や就職活動などの目的以外で、（⑪）の閲覧や検索、ダウンロードは行わないこと。

9．漏洩しては困る情報を取り扱う PC には（⑫）や Share などのファイル共有ソフトウェアを導入しないこと。

10．学内 LAN に、ファイル共有ソフトウェアをインストールした（⑬）を接続しないこと。

11．あやしい（⑪）に近づかない、不審な（⑧）に注意すること。

12．銀行のカード番号や暗証番号を入力する（⑭）がメールでくることはないので、もしそのようなメールが届いた場合は、金融機関に（⑮）問い合わせて、その情報の（⑯）を確認すること。

13．ワンクリック不正請求を受けた場合、あわてないで、（⑰）か、消費生活センターや国民生活センターで相談すること。

14．（⑱）上に、名前や住所、電話番号などの個人情報を書かないこと。

74　第4章　インターネットの仕組みと情報セキュリティ対策

語群

廃棄	メール	8桁	6桁	パッチ	パターンファイル		ウイルス検査
真偽	コンピュータウイルス		情報センター		高く	低く	Webサイト
Winny	Share	PC	直接	間接	依頼	注文　学生課	掲示板
個人情報	パスワード						

問題2．次の文は、ユビキタス社会について書かれたものです。次の⑲、⑳に下記の語群から適当な語を選び解答欄に書きなさい。

　（⑲）とはラテン語で、「同時にいたるところにある」という意味です。ユビキタスコンピュータを提唱したのはアメリカにあるゼロックス社のマーク・ワイザー氏です。日本でも（⑳）プロジェクトが1984年からはじまり、あらゆるものにコンピュータを組み込み、ネットワークに接続して便利な情報社会を実現しようとはじまりました。

語群

ユビキタス　　トロン　　e-Japan

問題3．コンピュータの歴史は、第1段階（1946年から）：（　ア　）、第2段階（1979年から）：（　イ　）、第3段階：(2001年から)（　ウ　）といわれている。
　　　　それぞれ解答欄（ア）から（ウ）まで下記の語群から適当と思われる語を選び解答欄に書きなさい。

語群

汎用機　　パーソナルコンピュータ・ネットワーク ユビキタス・コンピューティング

第5章　インターネット利用時の情報倫理

　インターネットを利用するにあたり、情報倫理を遵守する必要があります。情報社会においても、一般社会において守らなければならないことは、同様に守らなければなりません。他人に不快な思いや迷惑をかけない、自分自身を守るということは基本ですが、ここではインターネット社会における上手なコミュニケーションをとるために遵守しなければならないルールやマナーを学びます。また、他人の権利を侵害する著作権問題について、しっかり学びます。

5-1　ネットワーク上での作法

　インターネットを通して、政治、経済、文化、民族の違いを超えて世界中の人とコミュニケーションをとることができます。情報の発信は、Webページの公開により、不特定多数の人への情報を提供することができます。電子メールは、個対個、個対多のメール交換が可能です。しかし、自分の考えが正しく伝わらなかったり、誤解を招いてしまうことがしばしば起きます。国を越えてのメール交換では、通信している相手の国の政治、経済、文化、慣習などを十分に理解して行う必要があります。まさに、異文化コミュニケーションで生じる問題がそこに存在します。電子メールでは、対面でのコミュニケーションと異なり文字だけによる情報通信なので、よりその問題が深刻となります。不用意な個人の発言が、あたかもその国を代表して発言しているのではないかと受けとめられる危険性もあります。メールの内容には十分な注意が必要となります。

図5-1　ネチケットWebページ

(http://www.cgh.ed.jp/netiquette/より。2017年11月6日参照)

76　第 5 章　インターネット利用時の情報倫理

　情報社会において、インターネットは世界中の人々が参加できる大変便利な環境を提供しています。そこで発生するトラブルの多くは、インターネットを利用する 1 人ひとりがネットワーク上での作法であるネチケットを守ることにより防ぐことが可能です。ネチケットのガイドラインとして、Request For Comments1855（**RFC1855**）に詳細が記述されています。それを掲載しています Web ページを図 5-1 に示します。

5-2　Web 上での技術的な作法

　コンピュータを使ってインターネットを利用する場合、コンピュータで基本として使用する文字コードを知っておくと便利です。**RFC2822** には、メッセージの基本的な形式などを定めています。メッセージはテキストコードで作成されて、CR や LF などの制御コードがいくつか使われていますが、メッセージの情報はユーザの誰もが簡単にメールを見ることができることが原則です。そのため、基本は US-ASCII コードで表示できる文字ですが、日本のような漢字圏の国では、1 つの文字に対して 2 バイトコードで扱う必要が出てきました。Web メールでのマナーで、半角のカタカナは使用しないということがよく記載されています。半角とか全角というのは、1 バイトで表示できる文字か、2 バイトで表示できる文字かと考えた方がわかりやすいと思います。そう考えると、半角文字にはひらがなや漢字は存在しませんので、ひらがなや漢字は全角文字となります。半角カタカナは機種依存がありますので、Web メールで使用するには適していない文字となります。ここで、代表的な文字コードとその説明を表 5-1 に示します。

　次に、画像データを Web ページに掲載することが多いのですが、24 ビットフルカラーの画像を Web ページに掲載する是非を考えてみたいと思います。この画像形式は **BMP**（Bit MAP）で、Windows がサポートしているフルカラー（2 の 24 乗、すなわち 1677 万 7216 色）までの色数を指定できます。ここで、はじめにデジタルカメラで写真を撮った場合の解像度と画像サイズについて説明します。画像サイズは実際の画像寸法です。画像の**ピクセル**（画素）数は固定されていますので、画像サイズに反比例して解像度が決定されます。解像度の単位は ppi（pixel per inch）で、1 インチあたりの画素数で表します。1 インチは 2.54cm です。ピクセルという単位がわかりづらい場合は、1 インチの間に白かまたは黒の点（ドット）の数と考えた **dpi**（dot per inch）という表現もあります。解像度が 192dpi の画像は、解像度 96dpi のモニタでは実際の画像サイズの約 2 倍の大きさに表示されます。少し小さめの写真の場合、画像全体を縦 200×横 320 ドットとした場合、24 ビットのフルカラーで、200×320×3 バイト＝192,000 バイトの情報量となります。

　1 byte（**B：バイト**）は 8 bit（ビット）で構成されています。1 **ビット**は情報の最小単位で、2 つの選択肢から 1 つを特定するのに必要な情報量です。1100×750 画素のフル画像のデータ量は 1100×750×3 バイト＝ $2.475×10^6$ バイト＝ 2.475MB となります。データ転送速度を 15MB/秒で転送すると、転送する時間は 2.475MB/（15MB/秒）＝ 0.165 秒となります。同じ画

像データを１秒間に何枚送信できるかという場合は、(15MB/秒)/2.475MB＝6.06…となり、約６枚送信可能となります。

表5-1　代表的な文字コード

文字コード名	概　要
ASCII コード	アメリカ規格協会 ANSI（American National Standards Institute）が制定したコードです。アルファベット 26 種類の大文字、小文字（計 52 種類）、数字、記号などで 7 ビット、2 の 7 乗の 128 種類以内で文字表現ができますので、1 バイトの文字コードとなります。
JIS コード	日本工業標準調査会 JIS（Japanese Industrial Standard）が制定したコードです。ASCII と半角カタカナを基本として、漢字が追加されています。ASCII と漢字のコード範囲が重複するため、エスケープシーケンスによって切り替えています。JIS コードの利点の 1 つは 7 ビットの伝送路で伝送できることです。7 ビットの伝送路が残るインターネットのメールやニュースで使われていますが、エスケープシーケンスの存在が厄介なので、コンピュータ内部のデータ処理ではあまり利用されていません。
シフト JIS	DOS/Windows や Mac などでおなじみのコード体系です。8 ビットパソコンで使われていた ASCII と半角カタカナをそのまま継承し、なおかつ JIS コードのようなエスケープシーケンスを使わずに漢字を混在させています。第 1 バイトめを見ただけで文字種がわかるようになっています。
日本語 EUC	EUC（Extended UNIX Code）は UNIX の日本語環境でよく使われるコードです。UNIX の多言語対応の一環として制定されました。JIS やシフト JIS との大きな相違は、半角カタカナの扱いが冷遇されています。特徴として、エスケープシーケンスがなく、第 1 バイトを見ただけで文字種はわかります。あとは、JIS とのコード変換が容易などがありますが、インターネットのニュースで半角カタカナの使用によるトラブルが起きることです。
Unicode	アメリカの Apple、IBM、Microsoft が PC 間でスムーズにデータ交換できるように、2 バイト系の統一コードを提唱しました。漢字、かな、ハングル文字、アラビア文字など多くの文字がサポートされています。しかし、世界に存在する言語は多数あり、少数民族が使用している言語のすべてまでは対応できていません。また、日常に利用する漢字には不便はありませんが、特殊な人名、地名などには十分に対応できていません。漢字圏（日本、中国、台湾）で、すべて共通に利用できない漢字も存在します。

　主な画像データの種類とその概要を表 5-2 に示します。表 5-2 に示す BMP や PICT を除いた画像データは画像圧縮技術により、ファイルサイズを縮小することが可能なので、インターネットで利用されています。圧縮されたデータは、写真などの画像データは画像の劣化が目立たないものがあります。そこで、Web 上に掲載する画像としてフルカラーの非圧縮データである BMP や PICT などは不向きとなります。

78　第5章　インターネット利用時の情報倫理

表5-2　主な画像データとその概要

主な画像データ	概　要
BMP	BMP は Windows 標準の画像形式です。ファイルの拡張子は bmp となります。フルカラー表示が可能で、非圧縮データです。文字認識などで文字の詳細なデータが必要なときに用います。
PICT	Macintosh 標準の画像形式です。ファイルの拡張子は pct となります。非圧縮データで、フルカラー表示が可能です。
JPEG	JPEG（Joint Photographic Expert Group）は、圧縮技術によりデータサイズの縮小が可能です。不可逆性圧縮であるため、画像の劣化は起きます。フルカラーの画像を扱えるため、デジカメ映像などに使われます。主にインターネットで使われ、ファイルの拡張子は jpg となります。
GIF	GIF（Graphical Interchange Format）は圧縮技術によりデータサイズの縮小が可能です。不可逆性圧縮であるため、画像の劣化は起きます。主にインターネットで使われます。256 色の静止画像表示で、ファイルの拡張子は gif となります。
PNG	PNG（Portable Network Graphic）は圧縮技術によりデータサイズの縮小が可能です。フルカラー表示が可能で、フルカラーの画像を劣化させずに扱うことが可能です。主にインターネットで使われ、ファイルの拡張子は png となります。

音声、画像、動画などのマルチメディアの主なデータ形式を表 5-3 に示します。

表5-3　マルチメディアのデータ形式

種　類	形式名	内　容
音声	PCM	音声をデジタル化したデータ形式で、音楽 CD などでよく使われている。
	MP3	音声を圧縮して表すデータ形式で、データ量を圧縮することができるため、インターネットでの音楽配信に使われている。
	MIDI	電子楽器のインターフェイスとして利用される形式で、音楽を小さなデータサイズで表すことができる。
画像	BMP	静止画像を圧縮しないでそのまま表す形式で、Windows やペイントソフトで使われている。
	GIF	静止画像を圧縮して表す形式で、表現できる色数は限られている。
	JPEG	静止画像を圧縮して表す形式で、写真画像を効率よく圧縮できるので、デジタルカメラでよく利用されている。
動画	MPEG	動画を圧縮して表すデータ形式で、デジタルビデオで利用されている。
その他	PDF	画像・テキストをレイアウトするデータ形式で、Web 上で利用されている。

5-3 SNS 上でのマナー

　前節では、Web 上での技術的な面でのマナーについて説明しました。この章では、**SNS**（**Social Networking Service**）"不特定多数の人と気軽なつながりを促進・サポートするコミュニティ型の Web サイト（会員制サービス）"上の基本的なマナーについて説明します。SNS を利用するにあたってのマナーは、「人にされて嫌なことは他人にしない」ということと、対面でなく顔の見えない人との会話は、「普段の対面での会話より、より丁寧に行う」ということが原則です。SNS として、**mixi**、**GREE**、**モバゲータウン**、**Facebook**、**LINE**、**Twitter**、**Instagram** などがあります。特に、Facebook、LINE、Twitter、Instagram の利用は増大しています。そこで、これら 4 つの SNS について、その特徴を次に説明します。

■ Facebook

　2004 年にアメリカで開設された世界最大級の SNS です。実名が原則のサービスなので、現実世界での知り合いと実名でコミュニケーションができる点が大きな特徴です。Facebook は画像投稿が可能なだけでなく、画像をアルバムなどにまとめて保管できるなど、使い勝手の良いビジュアルも人気となっていますが、Facebook の設定で個人情報の保護や公開制限を自身で対策しておかないと、こうした画像が Facebook 内だけでなく、ほかのサービスとの連携で展開（シェア）されてしまう危険があります。また、友人つながりから情報が漏れることは防ぎにくいという危険があることは注意しておくべきでしょう。なお、広告や不正利用を目的とした友だち申請（アカウントを獲得)、不正アプリによる個人情報の詐取など、個人情報を狙った攻撃や危険が、最近では大きな問題となってきています。

■ LINE

　無料でメッセージ交換や音声通話ができるサービスです。個人的なつながりが強く、自分のスマホや携帯電話の登録者および自分の電話番号もしくは ID を伝えた相手だけとしかつながらないので、不特定多数の人とつながることは原則ありません。そのため、安全性は高いのですが、設定をきちんとしないと、つながりをもっていない相手との出会いに利用されることがあります。また、友人登録されると、容易に連絡ができてしまうので、素性をよく知らない人を簡単に登録しないなど、新規登録には注意が必要です。スマホなどで使える無料通話アプリの LINE を悪用した中高生らのいじめなどが問題視されています。かつてネットいじめの温床とされてきました「学校裏サイト」と違い、外部の目が届きにくく、些細（ささい）な書き込みから人間関係をこじらせ、事件に至ることもあります。

　いずれにしても、自分にあったネット上での SNS に参加して意見交換を行うことにより、無用なトラブルに巻き込まれることは少なくなります。SNS の利用マナーは、自分の意見を押し付けないことと、他人の意見に対しては攻撃的な意見は慎むように心がけることです。

80　第5章　インターネット利用時の情報倫理

■ Twitter

　アメリカのマイクロブログサービス大手です。2008年4月に日本語版のサービスも開始されました。ユーザーが「つぶやき」と呼ばれる140字以内の短い記事を書き込み、ほかのユーザーがそれを読んだり、返信をすることでコミュニケーションが生まれるインターネット上のサービスです。ほかのユーザーのつぶやきを追跡することを「フォローする」といい、自分のつぶやきとフォローしたユーザーのつぶやきが同じ画面上にリアルタイムで表示されます（タイムラインといいます）。フォローには相手の承認は不要で、「ゆるい繋がり」が生まれるとされています。リアルタイムに情報を収集する手段として注目されています。その一方で、中高生など未成年者の出会い系にも利用されているケースが多くあります。Twitterの使用は、SNS利用のマナーをしっかり守る必要があります。出典：（株）朝日新聞出版発行「知恵蔵」から一部抜粋、https://kotobank.jp/word/Twitter-13825（2017年11月30日参照）

■ Instagram

　iPhoneやAndroidなどのスマホで、写真や動画を簡単にシェアすることができるアプリケーションサービスです。Instagramでは、SNS機能によって、自分の写真を他人とシェアすることができます。そのためには、ユーザー個々を識別し、同サービスにログインするための「アカウント」が必要となります。アカウントは、メールアドレスや電話番号、任意のパスワードを登録することで取得でき、Facebookのアカウントと連携させることも可能となっています。インターネット上で写真を共有するほかの有名なアプリには、「Pinterest」や「Tumblr」などがありますが、Instagramがこれらのアプリと大きく異なるのは、写真を編集する機能が充実している点です。写真を他人とシェアする場合、「フォロワー」メニューを選択することで、Instagramにアップロードし、自らのサービス内で共有できる以外に、Facebook、Twitter、TumblrなどのほかのSNSからシェア先を選択して、自分のフォロワーに写真を見せることができます。SNS利用のマナーを守らないと、個人情報の流出にもなってしまう場合もあります。出典：（株）朝日新聞出版発行「知恵蔵」から一部抜粋、https://kotobank.jp/word/インスタグラム-192491（2017年11月30日参照）

　ここでは、楽しくSNS（インターネットを含む）を利用できる基本的なマナー7項目をあげてみます。

　　1）公序良俗に反する情報は公開しないこと。
　　2）Webで情報公開するときは、自分のプライバシー情報の取り扱いに注意すること。
　　3）差別的な情報や虚偽の情報を流さないこと。
　　4）他人のプライバシーを侵害するような情報は流さないこと。
　　5）他人の著作権、肖像権を侵害しないこと。
　　6）掲示板の意見交換は、開設している掲示板の利用規約を遵守して行うこと。
　　7）お互いの人格を尊重して行うこと。

さらに、具体的には次の9項目をあげておきます。

1）ネットやケータイを使いすぎて、ネット中毒、ケータイ依存症などにならないように注意すること。

2）他人の顔写真を無断で投稿しない。他人が写っている写真を投稿する場合は、きちんと相手に許可をとってから投稿すること。

3）ハンドルネームで登録しているSNSに、本名を投稿しないこと。

4）所属している会社名／学校名／年齢などを投稿しないこと。

5）交際相手や結婚相手のことを実名で投稿しないこと。

6）盗難防止対策として画面ロック、アプリケーションロックをすること。

7）夜中、早朝、仕事中のメールや、投稿などは相手の立場を考えて行うこと。

8）ソフトのインストール時や更新時には、利用目的などを確認してから"同意"ボタンを押すこと。

9）インターネットの利用年齢の低下にともない、親はフィルタリング対策を実施すること。

以上となります。

5-4 知的財産権・著作権

財産権は、有体物である動産や不動産などの有体財産権と、人間の精神活動の所産である無体物を客体とする権利を総じての無体財産権とがあります。無体財産権は、知的財産権あるいは知的所有権と呼ばれています。今日の情報化社会においては、情報そのものが大変貴重となっています。これは無体財産であり、知的財産権により保護を受ける必要も生じています。知的財産権には大きく分けて**産業財産権**[1]、著作権、その他の法律によって規定される権利があります。産業財産権は特許権、実用新案権、意匠権、商標権の4種類から構成されています。その関係を図5-2に示し、特許権、実用新案権、意匠権、商標権について、それぞれ説明をします。

■ 特許権（特許法）

ここでは、特許法の一部を抜粋して説明します。特許法第1条より「この法律は、発明の保護及び利用の促進を図ることにより、発明を奨励し、もつて産業の発達に寄与することを目的とする。」となります。第29条で、「産業上利用することができる発明をした者に対して、… その発明に特許を受けることができる」としています。特許権を得るためには、特許を出願して、特許庁の審査を経なければなりません。第66条により「特許権は、設定の登録により発生する」となります。第32条に特許を受けられない発明として「公の秩序、善良の風俗又は公衆の衛生を害するおそれがある発明については、第29条（特許の要件）の規定にかか

---

[1] p.10の脚注4）を参照してください。

わらず、特許を受けることができない」となります。特許の存続期間は第67条により、「特許出願の日から二十年をもつて終了する」となります。

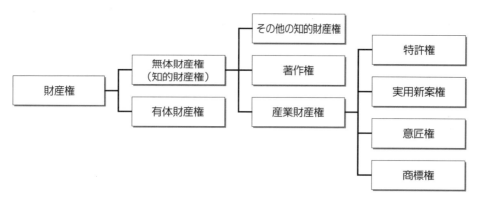

図5-2 財産権の分類

■ 実用新案権（実用新案法）
　ここでは、実用新案法の一部を抜粋して説明します。実用新案権法第1条より「この法律は、物品の形状、構造又は組合せに係わる考案の保護及び利用を図ることにより、その考案を奨励し、もつて産業の発達に寄与することを目的とする」となります。第2条で、「この法律で「考案」とは、自然法則を利用した技術的思想の創作をいう。」となります。実用新案権は、出願して、設定の登録によって発生しますが、1993年の実用新案法の改正により無審査登録制度が導入されて早期に権利を取得できるようになりました。第4条により「公の秩序、善良の風俗又は公衆の衛生を害するおそれがある考案については、第3条第1項（実用新案登録の要件）の規定にかかわらず、実用新案登録を受けることができない。」となります。第15条により「実用新案権存続期間は、実用新案登録出願の日から10年をもって終了する」となります。

■ 意匠権（意匠法）
　ここでは、意匠法の一部を抜粋して説明します。意匠法第1条により「この法律は、意匠の保護及び利用を図ることにより、意匠の創作を奨励し、もつて産業の発達に寄与することを目的とする」となります。第2条で、「この法律で「意匠」とは、物品（物品の部分を含む。第8条を除き、以下同じ。）の形状、模様若しくは色彩又はこれらの結合であって、視覚を通じて美感を起こさせるものをいう。」となります。第2条の説明で、第8条を除きとなっていますので、第8条に組物の意匠について「同時に使用される二以上の物品であつて経済産業省令で定めるもの（以下「組物」という。）を構成する物品に係わる意匠は、組物全体として統一があるときは、一意匠として出願をし、意匠登録を受けることができる。」としています。
　第5条で
「次に掲げる意匠については、第三条の（意匠登録）規定にかかわらず、意匠登録を受ける

ことができない。

　　一　公の秩序又は善良の風俗を害するおそれがある意匠
　　二　他人の業務に係る物品と混同するおそれがある意匠
　　三　物品の機能を確保するために不可欠な形状のみからなる意匠」
となっています。

　第21条により「意匠権（関連意匠の意匠権を除く。）の存続期間は、設定の登録の日から20年をもつて終了する。」となります。

■ 商標権（商標法）

　ここでは商標法の一部を抜粋して説明します。第1条により「この法律は、商標を保護することにより、商標の使用をする者の業務上の信用の維持を図り、もつて産業の発達に寄与し、あわせて需要者の利益を保護することを目的としています。」となります。

　第2条で「この法律で「商標」とは、文字、図、記号若しくは立体形状若しくはこれらの結合又はこれらの色彩との結合（以下「標章」という。）であつて、次に掲げるものをいう。

　　1．業として商品を生産し、証明し、又は譲渡する者がその商品について使用するもの
　　2．業として役務を提供し、又は証明する者がその役務について使用するもの（前号に掲げるものを除く。）」となります。

（商標登録ができない商標）第4条に

　　1．国旗、菊花紋章、勲章、褒章又は外国の国旗と同一又は類似の商標　とあります。
　　2．パリ条約（1900年12月14日にブラッセルで、1911年6月2日にワシントンで、1925年11月6日にヘーグで、1934年6月2日にロンドンで、1958年10月31日にリスボンでおよび1967年7月14日にストックホルムで改正された工業所有権の保護に関する1883年3月20日のパリ条約をいう。以下同じ。）の同盟国、世界貿易機関の加盟国又は商標法条約の締約国の国の紋章その他の記章（パリ条約の同盟国、世界貿易機関の加盟国又は商標法条約の締約国の国旗を除く。）であつて、経済産業大臣が指定するものと同一又は類似の商標など、（以下省略）　となります。

　このように、商標法の第4条で、商標登録ができない商標を詳細に規定しています。国旗などを商標として利用した場合は国際間のトラブルに発展しますので、詳細な規定が必要となります。第19条に「商標権の存続期間は、設定の登録の日から10年をもつて終了する。」となります。

■ 著作権（著作権法）

　ここでは著作権法の一部を抜粋して説明します。**著作権**の抜粋は巻末に付録として掲載していますので、巻末付録を参照しながら説明していきます。著作権法第1条に「この法律は、著作物並びに実演、レコード、放送及び有線放送に関し著作者の権利及びこれに隣接する権利を定め、これらの文化的所産の公正な利用に留意しつつ、著作者等の権利の保護を図り、

もつて文化の発展に寄与することを目的とする。」となります。すなわち、著作権は図 5-3 に示すように、「**著作者の権利**」と著作物などを伝達する者、実演家、レコード製作者、放送事業者、有線放送事業者などに与えられる「**著作隣接権**」とに分けることができます。

「著作者の権利」は図 5-4 に示すように、著作者の人格を尊重するための「**著作者の人格権**」と、著作物の財産価値を保護する「**著作権（著作者財産権）**」から構成されています。

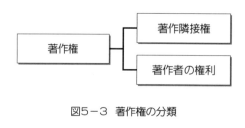

図5-3　著作権の分類

図5-4　著作者の権利の分類

「著作物」とは巻末付録の著作権法第 10 条に

「この法律にいう著作物を例示すると、おおむね次のとおりである。
　　一　小説、脚本、論文、講演その他の言語著作物
　　二　音楽の著作物
　　三　舞踊又は無言劇の著作物
　　四　絵画、版画、彫刻その他の美術の著作物
　　五　建築の著作物
　　六　地図又は学術的な性質を有する図面、図表、模型その他の図形の著作物
　　七　映画の著作物
　　八　写真の著作物
　　九　プログラムの著作物　」

となります。保護を受ける「著作物」は、著作権法第 6 条より日本国民の著作物で、最初に国内において発行されたものとなっています。「著作権（著作者の財産権）」は「複製権」、「上映権」、「公衆送信権・伝達権」、「口述権」、「展示権」、「譲渡権」、「貸与権」、「頒布（はんぷ）権」、「二次的著作物の作成・利用に関する権利」から構成されています。「著作者人格権」は「公表権」、「氏名表示権」、「同一性保持権」から構成されています。著作権の仕組みをまとめて図 5-5 に示し、各権利について説明します。

著作権（著作者の財産権）の各権利として次のような権利があります。

　第21条「複製権」
　第22条「上演権及び演奏権」
　第22条の2「上映権」
　第23条「公衆送信権　含む公衆送信可能化権」
　第24条「口述権」
　第25条「展示権」
　第26条「頒布権」
　第26条の2「譲渡権」
　第26条の3「貸与権」
　第27条「翻訳権、翻案権等」
　第28条「二次的著作物の利用に関する原著作者の権利」

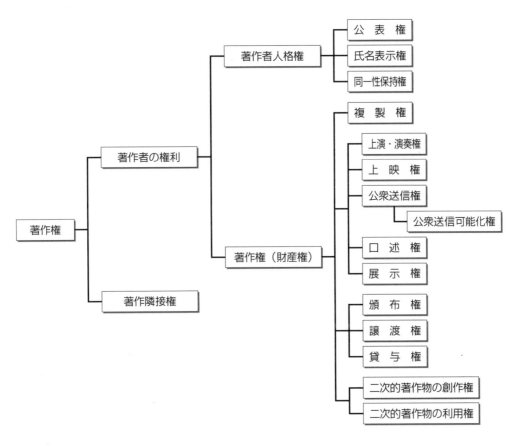

図5-5　著作権の仕組み

　これらの権利の内容は、著作権法から抜粋して巻末に付録として記載していますので、参照してください。このように、種々の著作権が法律で守られています。「著作者人格権」の「公

表権」、「氏名表示権」、「同一性保持権」の各権利について、著作権法第18条から20条（巻末付録参照）に記載しています。

　たとえば、作詞家が作詞した歌詞を、歌手が勝手にアレンジして公演で歌ったとき、作詞家が激怒するような場合、激怒する理由は第20条の「同一性保持権」にあたります。私たちの普段の何気ない生活に、著作権を含めた情報倫理に関連した知識を身に付けておくことにより、理解できることがらがたくさんあります。インターネット社会では、豊富な情報をすばやく手に入れたり、その情報を複製したり、複製した情報を多くの人に配布したりということが容易に可能となります。また、それらの情報のなかには大変有益な情報もあり、その情報を活用することにより利益を生んだり、損害をこうむったりします。著作権は、著作物が創造された段階で発生する権利で、創造した人の権利を守る法律です。「私的使用のための複製」について、著作権法第30条によると「著作権の目的となつている著作物」は、「個人的に又は家庭内その他これに準ずる限られた範囲内において使用することを目的とするときは」原則として認められています。私達が忙しいときに、テレビドラマを録画して、あとで見ることは著作権法からも保証されています。

　私的なダウンロード（録音や録画）に関しては、2010年以前は適法として認められていましたが、2010年1月以降は、違法にアップロードされたと知りながらダウンロードすれば、違法行為とみなされるので注意が必要です。「図書館における複製」に関しては著作権法第31条（巻末付録参照）によると、教育、研究上の配慮から必要最小限度内での複製を許可しています。よく問題となっている学校教育で教材として利用するための複製に関しては、著作権法第35条（巻末付録参照）によると教育用に利用するということだけで無条件で複製を許可しているわけではありません。公表された著作物の複製により、当該著作者の利益を不当に害するような複製は認めていませんので、教育用として利用する場合には、当該著作者の利益を不当に害していないかどうかの配慮が必要となります。入試問題などの試験問題に関して第36条（巻末付録参照）によると、入試問題などに使用したい場合には、公表された著作物の複製は認められています。次に、「引用」については著作権法第32条（巻末付録参照）によると「公正な慣行に合致する」引用のルールのもとで認めています。**引用ルール**としては、一般的に次の4項目について遵守するようにします。

　　1）引用部分の出所（著者名、書名、出版社名、出版年、WebページのURLなど）を明示すること
　　2）引用する部分の必然性、その範囲などの必然性があること
　　3）どの部分を引用したかを、「」などで明確に区分すること
　　4）引用する側とされる側で、引用部分について、質的、量的にも主と従の関係があること

となります。

　複製などから著作権の問題が生じることが多いので、上記にあげた以外の種々の複製など

に関する著作権法は巻末に付録として掲載しています。

その他の知的財産権として、「肖像権」、「育成者権」、「回路配置利用権」などがあります。次に、これらについてそれぞれ説明します。

「肖像権」

今では、スマートフォンによって、誰でもどこでも気軽に写真を撮影して Web 上に公開することが可能となっています。人が写真に撮られた場合、その人が有名・無名に関わらず写真に撮られることの是非を選択する権利をもっています。

「育成者権」

品種改良によって育成された植物の品種を保護するための権利です。品種改良された植物は、特許法では保護できないので、育成権で保護しています。

「回路配置利用権」

電気式コンピュータは ENIAC が世界初といわれています。コンピュータを構成している素子が真空管からトランジスタ、半導体集積回路（IC）へと発達し、IC の回路配置利用を保護しています。

私たちは Web ページを公開するとき、許可を得ないで他人の画像や文章を利用する場合、他人の権利を侵害することになりますので、著作権法をしっかりと学ぶ必要があります。SNS 上での意見交換においては、マナーに反したことを行わないようにするために、インターネット利用時の情報倫理をしっかりと学ぶ必要があります。また、SNS 上における個人情報の漏洩問題が深刻な状態となっています。これについては対策も含めて、次章で詳しく説明します。

88 第5章 インターネット利用時の情報倫理

演習問題

1. RFC1855 とは何でしょうか。

2. 画像サイズが縦 500 ドット、横 750 ドットで、その画像が 3 バイト（24 ドット）のフルカラーと、モノクロの 2 値画像データでは、データ転送速度が 15MB/秒とした場合の画像を送信する最短の時間はいくらになりますか。

3. Facebook、LINE、Twitter および Instagram の特徴はなんでしょうか。

4. SNS のマナーについて、同感する内容を 5 つあげてください。

5. SNS を使用した際に楽しいと思う内容を 5 つあげてください。

6. 知的財産権とは何でしょうか。

7. 著作物にはどのようなものがありますか。

8. 著作者の人格権とは何でしょうか。

9. 学校などの教育機関で複製はどのような制限のもとで認められていますか。

10. 引用するときのルールを 4 つあげてください。

第6章 個人情報漏洩の問題とその対策

インターネットを利用するにあたり、個人情報の扱いに十分に注意する必要があります。近年、名簿業者などによって個人情報が売買され、ダイレクトメールや勧誘電話などの被害が多発しています。また、個人情報を取り巻く状況は急速に変化（スマートデバイスの普及により端末ID、位置情報、行動情報、購買情報、閲覧情報、血圧などの生体情報、顔の認識データなどのパーソナルデータ情報がビックデータ化してきた）しています。外部に漏洩（ろうえい）すると一番の被害を受けるのは、個人情報を提供した本人です。また、情報を管理・共有していた企業や団体にも影響します。その影響により、社会的信用の失墜（顧客離れ、株価下落）や損害賠償（慰謝料など）などで倒産してしまうこともあります。ここではインターネットを利用するにあたり、自分や家族がトラブルに巻き込まれる恐れがある個人情報漏洩の問題について、しっかり学びます。

6-1 OECD 勧告とわが国の取り組み

1948年第3回国連総会で採択された**世界人権宣言**（UDHR：Universal Declaration of Human Right）の第12条「何人も、自己の私事、家庭若しくは通信に対して、ほしいままに干渉され、または名誉および信用に対して攻撃を受けることはない。人はすべて、このような干渉又は攻撃に対して法の保護を受ける権利がある。」で、プライバシー権が国際的に初めて提唱されました。

そして、コンピュータは1946年に作られてから、著しく発達してきました。それにともない、個人情報の漏洩も拡大し、各国間での個人情報保護の法制化を急いで行わなくてはならなくなりました。それを受けて、1980年に経済協力開発機構（OECD）が出した**OECD勧告**、1995年にEU（ヨーロッパの地域統合体）が制定した**個人データ保護指令**などを受け、日本でも個人情報保護法制の必要性が叫ばれていました。そこで、コンピュータによる社会全体のネットワーク化の進展、プライバシー意識の高まり、**住基ネット**の導入などを背景として、2003年に**個人情報保護法**（図6-1）が成立しました。一方、アメリカでは個人情報保護を法制化するのではなく、EUとの間で**セーフハーバー協定**を結び、調整を図っています。日本の個人情報保護法も**OECD 8 原則**を取り込む形で制定されています。OECD 8 原則の具体的な内容は次のようなものです。

1）収集制限の原則：いかなる個人データも、適正かつ公正な手段によって、かつ適当な場合にはデータ主体に知らしめ又は同意を得た上で収集されるべきである。

2）データ内容の原則：個人データは、利用目的に沿ったものであるべきであり、かつ

利用目的に必要な範囲内で、正確、完全であり最新のものに保たれなければならない。

3）目的明確化の原則：個人データの収集目的は、収集時よりも遅くない時点において明確化されなければならない。データの利用は、当該収集目的達成又は当該収集目的に矛盾しないでかつ、目的の変更ごとに明確化された他の目的の達成に限定されるべきである。

4）利用制限の原則：データ主体の同意がある場合、又は法律の規定による場合を除き、個人データは法律に明確化された目的以外の目的のために開示利用その他の使用に供されるべきではない。

5）安全保護の原則：個人データは、紛失もしくは不当なアクセス、破壊、使用、修正、開示などの危険に対し、合理的な安全保護措置により保護されなければならない。

6）公開の原則：個人データに係わる開発、運用および政策については、一般的な公開の政策を取らなければならない。個人データの存在、性質およびその主な利用目的と一緒にデータ管理者の識別、通常の住所を明確にさせるための手段が容易に利用できなければならない。

7）個人参加の原則：個人は次の権利を有する。
　①データ管理者が自己に関するデータを有しているか否かについて、データ管理者又はその他の者から確認することができる。
　②自己に関するデータを合理的な期間内に、もし必要であるならば、過度にならない費用で、合理的な方法でかつ、自己に分かりやすい形で知らしめを受けることができる。
　③上記の要求が拒否された場合は、その理由を受けること、拒否に対する異議を申し立てることができる。
　④自己に関するデータに対して異議を申し立てることができる。その異議が認められた場合には、そのデータを消去、修正、完全化、補正させることができる。

8）責任の原則：データ管理者は、上記の諸原則を実施するための措置に従う責任を有する。

　以上の OECD 8 原則は、その後各国の個人情報保護制度に影響をおよぼし、わが国では1988 年に「行政機関の保有する電子計算機処理に係わる個人情報の保護に関する法律」が成立、施行されることになります。**個人情報**は、この法律の第 2 条 2 項において「生存する個人に関する情報であって、当該情報に含まれる氏名、生年月日その他の記述などにより特定の個人を識別することができるもの（他の情報と照合することができ、それにより特定の個

人を識別することができることとなるものを含む。）をいう。」と定義をしています。個人情報のなかでも「特別に重要な個人情報」については、特に取り扱いを十分に注意する必要があるのではないかということは、これまでに議論されています。取り扱いに十分に気をつけなければならない情報（**機微情報**）として、「個人の道徳的自律と存在に直接関わる情報」、「人の精神過程とか内部的な身体状況などに関わる内密な情報」、「政治的・宗教的信条に関わる情報」、「心身に関わる情報」、「犯罪歴に関わる情報」などがあげられます。

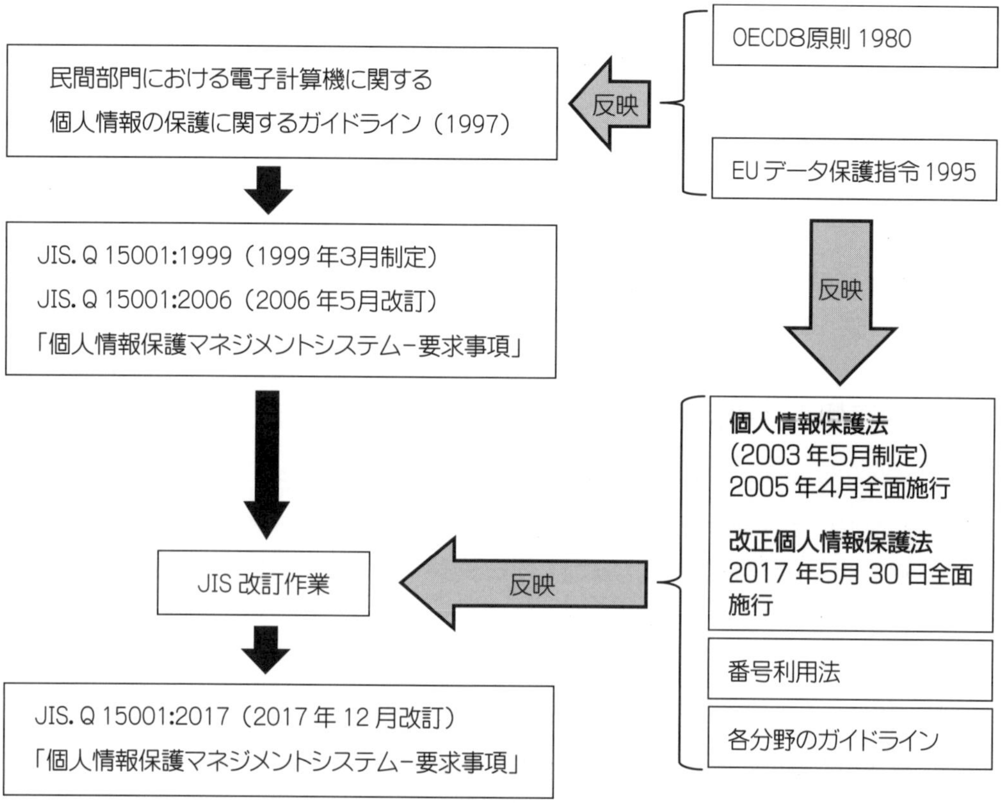

```
┌─────────────────────────────┐         ┌──────────────────────┐
│ 民間部門における電子計算機に関する     │ ⇦反映   │ OECD8原則 1980         │
│ 個人情報の保護に関するガイドライン（1997）│        └──────────────────────┘
└─────────────────────────────┘         ┌──────────────────────┐
            ↓                            │ EUデータ保護指令 1995    │
┌─────────────────────────────┐         └──────────────────────┘
│ JIS.Q 15001:1999（1999年3月制定）    │              ↓ 反映
│ JIS.Q 15001:2006（2006年5月改訂）    │
│ 「個人情報保護マネジメントシステム－要求事項」│   ┌──────────────────────┐
└─────────────────────────────┘        │ 個人情報保護法           │
            ↓                           │ （2003年5月制定）         │
┌─────────────────────────────┐        │ 2005年4月全面施行        │
│ JIS改訂作業              ⇦反映        │ 改正個人情報保護法        │
└─────────────────────────────┘        │ 2017年5月30日全面施行     │
            ↓                           ├──────────────────────┤
┌─────────────────────────────┐        │ 番号利用法              │
│ JIS.Q 15001:2017（2017年12月改訂）   │    ├──────────────────────┤
│ 「個人情報保護マネジメントシステム－要求事項」│ │ 各分野のガイドライン       │
└─────────────────────────────┘        └──────────────────────┘
```

図6-1　個人情報保護法成立とJISとの関係

　個人情報保護法は個人情報取扱業者に対して、個人情報の不正な取得の禁止、個人情報の漏洩防止などに対する敏速かつ適正な対応を義務付けています。それに違反した場合は、勧告がなされ、それに従わなかった場合は罰則が適用されます。さらに、企業が個人情報を適切に取り扱っているかどうかを、第三者機関である一般財団法人日本情報経済社会推進協会（JIPDEC：Japan Information Processing Development Corporation）およびその指定機関により、JIS（日本工業規格）「JIS.Q 15001：1999.」版を改訂した「JIS.Q 15001：2006. 個人情報保護マネジメントシステム－要求事項」に適合した個人情報保護体制を構築、適切に運用している事業者を評価・認定し、その認定証として**プライバシーマーク**（図6-2）を与えています。

個人情報を扱っている事業者は、このマークを取得することは必須となっています。事業者は顧客に対して、個人情報を保護するように適切な運用をしていますというPRも兼ねて、会社の名刺やパンフレット、Webページ上にプライバシーマークを掲載しています。

図6-2　プライバシーマーク
(http://privacymark.jp/より)

　しかし、そのような事業者の努力にも関わらず、いまだに個人情報の流出は後を絶ちません。善良な事業者ばかりではなく、悪徳な事業者も残念ながら存在しているからです。また、私たちがインターネットを利用しているときに、知らず知らずのうちに個人情報を自ら流出している場合もあるからです。Webページの公開、電子メールでの意見交換などの際に、無意識のうちに自ら個人情報を流出することのないように、しっかりと学習しましょう。

6-2　改正個人情報保護法の内容

　昨今、業務妨害を狙ったサイバー攻撃・犯罪（標的型メールやランサムウェア、Webページの改ざんなど）は巧妙化・悪質化してきており、これらのターゲットは、政府機関や自治体、企業のみでなく、学校関連にも拡大しています。また、わが国では、平成27年に個人情報保護法が改正され、個人情報を取り扱うすべての事業者に対し「安全管理」が義務化され、平成29年5月30日より、改正個人情報保護法が全面施行されました。主な改正内容は、以下の通りです。

1）個人情報の定義の明確化（個人識別符号の新設）
　個人情報のグレーゾーンを解消するため、「**個人識別符号**」が新設されました。
①身体の一部の特徴を電子計算機のために変換した符号
　●DNA情報、指紋、掌紋、声紋、顔、虹彩、手指の静脈、歩行の態様等
②サービス利用や書類で対象者ごとに割り付けられる符号（公的な番号）
　●パスポート番号、基礎年金番号、運転免許証番号、住民票コード、マイナンバー、各種保険証番号等
■ポイント
　上記①の"顔"とは、顔の骨格および皮膚の色並びに目、鼻、口、その他の顔の部分の部位の位置および形状から抽出した特徴情報を、本人を認証することを目的とした装置やソフトウェアで本人認証ができるようにしたものをいいます。
　上記②の"公的な番号"は、従来通り「個人情報」に該当するが、クレジット番号や携帯

電話番号等は今回対象外とされたが、これらの番号が、氏名、住所などと一緒に管理されていた場合等、ほかの情報と照合することで、特定の個人を識別できる場合は該当することとなります。

２）要配慮個人情報の規定の新設

要配慮個人情報とは、法で定められている人種、信条、社会的身分、病歴、前科・前歴、犯罪被害情報に加え、そのほか本人に不当・偏見が生じないように特に配慮を要するものです。

①病歴に準じるもの
- 身体・知的・精神障がい、健康診断等の検査の結果、保健指導、診療・調剤情報等

②前科・前歴に準じるもの
- 被疑者または被告人として逮捕、捜索等、刑事事件手続きが行われた事実と、非行少年またはその疑いのある者として、保護処分等の少年保護事件手続きが行われたことも要配慮個人情報に該当します。

■ポイント

上記①で、たとえば"遺伝子検査結果に含まれるゲノム情報"は、「健康診断等の検査結果」に当たることから、要配慮個人情報に該当します。また、要配慮個人情報については、原則、取得・第三者の提供時の本人の同意が必要です。（今後、オプトアウト(下記)を利用していた事業者は、事前の同意なしでの第三者提供はできません）

※本人から「事前の同意」を得ることを「**オプトイン**」(opt-in) といいます。また、これに対して、あらかじめ本人に対して個人データを第三者提供することについて、通知または認識し得る状態にしておき、本人がこれに反対をしない限り、同意したものとみなし、第三者提供をすることを認めることを「**オプトアウト**」(opt-out) といいます。

３）匿名加工情報の規定の新設（ビッグデータ対応）

匿名加工情報とは、特定の個人情報を識別できないように個人情報を加工し、当該個人情報を復元できないような形にしたものです。目的外利用や第三者提供の際の本人の同意を不要とし、自由な利活用が可能となっており、ビジネスの活性化が期待されます。

①特定の個人情報を識別可能な記述等（氏名等）の全部または一部を削除すること。
②個人識別符号の全部を削除すること。
③個人情報とほかの情報とを連結する符号を削除すること。
④特異な記述等を削除すること。（例：日本最高齢者であることが判断可能な実年齢）

■ポイント

個人情報取扱事業者は、匿名加工情報を作成したときは、インターネット等を利用して当該匿名加工情報に含まれる情報の項目を公表しなければなりません。また、匿名加工の手法、データ処理等については、認定個人情報保護団体による自主ルールを作成する際の参考

となる事項、考え方をまとめた「事務局レポート」の作成・公表などにより、今後も情報提供を行っていく方向です。

４）第三者提供に係る確認・記録の義務

　近年発生した大規模個人情報漏洩事案を受け、名簿屋対策として、個人データの第三者に係る確認・記録と一定期間の保存が義務付けられた。第三者との間で個人データを提供・受領する場合、提供元・提供先が相互に相手の氏名・社名等を記録するとともに、提供先が提供元のデータ取得経緯等を確認することで、トレーサビリティが確保され、情報流失があった場合にその流出経路の追跡が可能となります。ただし、一般的なビジネスに支障がないように、下記の配慮事項があります。

　①第三者提供に関する本人の同意がある場合、提供年月日の記録は不要とする。
　②記録の保存期間は原則３年だが、本人に対する物品等提供に関し、本人同意のもと第三者提供した場合は、１年保存とする。
　③本人との契約等に基づく提供の場合は、包括的な記録で足りることとする。
　④反復継続して提供する場合は、包括的な記録で足りることとする。

■ポイント

　確認・記録の義務がかからない提供は、SNS 等の本人発信による個人情報（プロフィール等）、銀行振込時に記載している個人情報、同席している家族の個人情報、名刺交換時の名刺に記載してある個人情報等です。

５）外国の第三者への個人データの提供（グローバル化への対応）

　下記の条件のもと、国内と同様に外国の第三者提供への個人データの提供が可能です。
　①外国にいる第三者へ提供することに対し、本人が同意している場合。
　②外国にいる第三者が、委員会規則で定める基準に適合する体制を整備している場合。
　③外国にいる第三者が、個人情報保護委員会の認めた国に所在する場合。

■ポイント

　事業者は上記③について、各国の個人情報保護法制を綿密に調査する必要があり、当面①または②の条件で対応することが想定されています。

６）認定個人情報保護団体の活用

　認定個人情報保護団体は、個人情報保護方針を作成した際には委員会への届け出が義務付けられ、委員会はその指針を公表します。また、個人情報保護方針を遵守させるための対象事業者に対する指導・勧告等が義務化されています。

■ポイント

　対象事業者における個人情報の不適正な取り扱いに対して、認定個人情報保護団体において明確に対応してもらうことが法律上、強く求められることとなります。

７）中小規模事業者への配慮

　取り扱う個人情報の数が 5,000 人分以下の事業者も適用対象となり、個人情報保護法への対応が必須となりました。

■ポイント

　取り扱う個人情報が少ない小規模取扱事業者でも、個人の権利利益侵害はありえるとして、小規模取扱事業者も、個人情報保護委員会に届け出が必要になります。（個人事業主、NPO法人等も対象）

　対象事業者における個人情報の不適正な取り扱いに対して、認定個人情報保護団体において明確に対応してもらうことが法律上、強く求められることとなります。

6-3　個人情報の流出

　止まらない情報漏洩事件・事故は、約半分以上は人的な管理ミス（モラル教育不足を含む）が考えられ、組織内部（業務委託を含む）からの不正持ち出し、盗難、紛失（図 6-3）が大きな原因となっています。本人の不注意やセキュリティ認識の甘さにより、さまざまな個人情報を漏洩しています。また、従業員や元従業員、委託先の従業員が故意に企業・組織のシステムを改ざんするなど、情報を漏洩させるなどの関係者による内部犯行で、内部の事情を知っている人間が悪意をもって故意に行うため、影響範囲や被害が大きくなる傾向があります。

図6-3　データの消し忘れ、盗難、紛失対策

　個人情報の漏洩防止対策は大きく①ファイルサーバ、②メール/Web、③クラウド/スマー

トデバイス、④エンドポイントに分けることができます。①ファイルサーバからの漏洩対策は、共有フォルダのアクセス権と暗号化対策が必要です。②メール/Web からの漏洩対策は、添付ファイルの暗号化、フィルタリング対策、ウイルス対策、アップロードファイルの暗号化対策、③クラウド/スマートデバイスからの漏洩対策は、クラウドストレージ上の暗号化、スマートデバイスの暗号化対策、④エンドポイントからの漏洩対策は、持ち出し制御、透かし印刷制御、HDD とメディアの暗号化、光学メディアの暗号化が必要です。なお、漏洩ルート特定のためすべての漏洩対策について、アクセスログや操作ログの取得をお勧めします。

6-3-1 情報セキュリティ対策の基礎知識

　情報セキュリティ対策を行ううえで個人情報の"漏洩、破壊、紛失、改ざん"などのリスクから保護する対策のことを**安全管理対策**といいます。安全管理対策の実施には負担がともないますので、あまり無理をしないで、できることから行うようにします。対策ができなかった内容については、残存リスクとして定期的に残存リスクが顕在化していないか、監査などで確認が必要です。ここでは、事業者や個人が対応できる基本的な情報セキュリティ対策を列挙します。

1）入退室（来訪者を含む）に関する記録を残す。

2）個人情報を扱う机は、クリアデスク（机の上に機密情報を放置しない）を心がける。

3）個人情報を扱う PC は、ログオフやパスワード（PW）付きスクリーンセーバを起動する。

4）個人情報の保管場所（キャビネット、金庫など）には、鍵をかける。

5）電子メールで個人情報データを添付する際、パスワード・暗号化を行う。

6）ノートパソコンやスマートフォンは、パスワードや認証システムを導入する。

7）セキュリティパッチおよびウイルス対策ソフトの最新版を適用する。

8）週1回は、ウイルス対策ソフトで完全スキャンを実施する。

9）パスワードは、8ケタ以上で、大文字、小文字、英数字を混ぜる。

10）パスワードは定期的に更新する（最低1回/3ヶ月）。

11）パスワードを書いたメモを人目に付く所に置かない。

12）ID、パスワードは、ルール通りに発行・更新・廃棄管理を行う。

13）携帯電話やスマートフォンについては、紛失防止策、ナンバーロックやリモートロッ

クを実施する。

14) パソコン使用者の制限、使用ソフトの制限を行う。

15) インターネットカフェなどの他人の PC では、個人情報を扱わない。

16) アクセス権の実施とアクセスログの取得を行う。

17) ファイル共有ソフトをインストールしない。

18) Web から個人情報を取得する場合は、SLL 化で暗号化（HTTPS）および入力フォームの脆弱性対策を実施する。(Web ページの改ざん等の対策として、Web ページすべてを SLL 化で暗号化（HTTPS）することが望ましい)

19) 無線 LAN を実施するときは、最新版の暗号化（WPA2-PSK）を導入する。(公衆向けの無線 LAN（Wi-Fi）環境では常に公の場であることを意識して利用する)

20) 個人情報を利用組織（団体）外に持ち出す際の管理（承認）を実施する。

21) ノートパソコンやスマートフォン、iPad、タブレットなどのパスワード設定を行う。

22) サーバや PC 内の個人情報は、バックアップを実施する。

23) 個人情報の廃棄（コピー機を含む）の際のルールを定める。

24) 個人情報の送付の際には、配達記録（授受記録）を残す。

25) **マイナンバー**（個人番号、特定個人情報）については、下記の安全管理対策を行う。
    ・"事務取扱担当者"、"管理区域"、"取扱区域" を決定する。
    ・"保管場所"、"保管場所の鍵" は、事務取扱担当者等に限定する。
    ・サーバ等に保管する場合は、アクセス権を事務取扱担当者等に限定する。
    ・利用済みのマイナンバーはできるだけ速やかに廃棄または削除する。

26) **ランサムウェア**対策については、下記の安全管理対策を行う。
    ・定期的なバックアップを行う。
    ・ランサムウェアウイルス対応ソフトを導入する。
    ※ランサムウェアは、身代金要求型の不正プログラムとして現在でも、被害が増え続けているネットセキュリティの脅威ウイルスです。ユーザーの PC に侵入することで PC をロック、またはデータを暗号化し、秘密裏に目的を遂行すると姿を現して「解除キーが欲しければ下記の口座へ入金しなさい」などと金銭を要求するウイルスです。

以上となります。

6-4 情報セキュリティに対する脅威への傾向と対策

近年の情報漏洩事件の傾向は、"情報は「洩れる」から「盗まれる（標的型攻撃など）・発信してしまう」時代"になってきています。また、インターネットサービスの普及、SNSやスマートフォンなどを利用することによりライフスタイルが変化し、最近の情報漏洩は、インターネットに接続する機器やサービス（複合機・クラウドサービス・Webカメラなど）からも漏洩しています。そして従来の個々のデータ（記録）は、連携されたビックデータ化（相互連携）にシフトされ、情報セキュリティを取り巻く問題と環境が多様化（図6-4）しています。今後、事務機器や情報家電などがインターネットに接続されること（IoT）[1]が現実化され、インターネットとの連携を意識した安全な情報漏洩対策が必要となります。そこで、この節では各脅威が私たちにとってどのように影響するのか、またその変化に対応する現状の対応策を考えながら学習していきます。

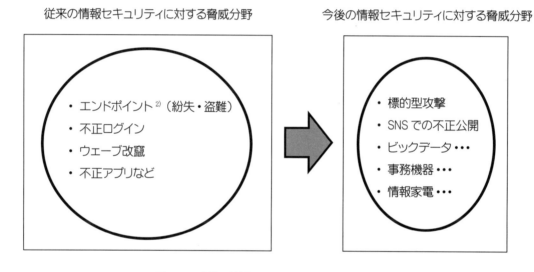

図6-4 今後の情報セキュリティに対する脅威分野

自分の個人情報を守るには、次の対応が必要と考えられます。

---

[1] IoT（Internet of Things：モノのインターネット）とは、従来は主にパソコンやサーバ、プリンタなどのIT関連機器が接続されていたインターネットにそれ以外のさまざまなモノを接続することを意味します。読み方はアイオーティーです。なお、テレビやデジタルカメラ、デジタルオーディオプレーヤー、HDレコーダーなどのデジタル情報家電をインターネットに接続する流れは既に始まっています。さらに、デジタル化された映像、音楽、音声、写真、文字情報をインターネットを介して伝達されるシーンがますます増えています。現在ではスマートフォンやタブレット端末もインターネットに接続され、パソコンと同様に安全管理が必要になりました。
　さらに、世界中に張り巡らされたインターネットは、あらゆるモノがコミュニケーションをするための情報伝送路に進化しつつあります。IoTとは、モノに関する情報をインターネット経由でやりとりすることを意味します。
[2] エンドポイントとは、ネットワークに接続されたパソコンなどのネットワーク端末の総称です。

6−4−1　エンドポイントの紛失・盗難などへのセキュリティ対策

最初に、自分が所有しているノート PC 内やスマートフォン内で作成した個人情報はどこに存在しているのかを把握する必要があります。

1）作成した個人情報ファイル（Word、Excel、画像など）を PC 内ハードディスクに保存する。

2）作成した個人情報ファイル（Word、 Excel、画像など）を持ち出すため USB メモリや microSD カードなどに保存する。

3）メールを使用した場合、PC 内ハードディスク（メーラの履歴ファイル）およびメール先サーバに保存する。

4）SNS など Web で個人情報を入力した場合、世界中の確認できないサーバに保存する。

5）クラウド環境（OneDrive など）へファイルを保存する。

6）個人情報を紙媒体に印刷する。

7）PC 内ハードディスクのデータを、バックアップ用として外部媒体（microSD カード、外付けハードディスク）に保存する。

8）自宅で無線 LAN 通信、FTP 通信、リモートデスクトップ接続などによりファイルを通信する。

次に、個人情報の存在を認識したライフサイクルでのリスク（盗難・紛失など）を考え、対策を施します。

1）ノート PC のハードディスクや、スマートフォンの microSD カード内のファイルの暗号化やパスワードの付与を行う。

2）データを USB メモリや microSD カードなどに保存する場合は、暗号化やパスワードの付与を行う。

3）メールで添付ファイルを送信する場合は、暗号化やパスワードの付与を行う。

4）SNS など Web で個人情報を入力する場合は、SSL 暗号化対策（HTTPS）が施されていない入力フォームには入力をしないようにする。

5）クラウド環境（OneDrive など）へファイルを保存する場合は、暗号化やパスワードの付与を行う。

6）個人情報の入った印刷物は裏紙に使用せずにこまめにシュレッダーなどで破棄する。

7）バックアップを実施する場合は、microSD カードや外付けハードディスクなどに暗号

化対策を施す。

8）自宅で無線 LAN 通信を行う場合は、脆弱性のない暗号化通信、VPN 回線接続などによる FTP 通信、リモートデスクトップ接続を行う。

9）セキュリティパッチおよびウイルス対策ソフトの最新版を適用する。

10）ファイル共有ソフトはインストールしない。

対策ができなかった場合のリスクを残存リスク（金銭面などで暗号化が不可能など）として認識し、代替え案（鍵付き机に保管するなど）を考えて実施し、残存リスクを徐々に少なくするためのマネジメントシステム（PDCA サイクル（plan-do-check-act cycle））を実施します。

6-4-2 不正ログイン（なりすまし）へのセキュリティ対策

不正ログインについては、他人の ID やパスワードを用いてその人のふりをしてその人の個人情報へアクセスすることで「なりすまし事件」が発生しています。また、スマートフォンなどでは、通信チップ（SIM：Subscriber Identity Module）を取り出してその人のふりをしてその人の個人情報へアクセスすることもできます。

なりすましにあわないためには以下の対応が必要と考えられます。

1）パスワードを他人に知られないように、推測のできない複雑なパスワードを設定して、使いまわさないことが必要です。また、一定期間ごとにパスワードの変更が必要です。
（例：各単語の頭文字をとってパスワードを生成：Kojinjyouhou20XX⇒KJNJHU20XX）

2）ネットカフェなどを利用する場合は、利用履歴が残らないように手順に沿って、正常終了することが必要です。

3）スマートフォンなどでは、盗難防止対策としてパスワードロックなどの設定が必要です。

6-4-3 偽りのインターネットショッピングサイトへのセキュリティ対策

実在するインターネットショッピングサイトの画像をコピーするなどした、偽のインターネットショッピングサイトによる詐欺事件が発生しています。利用者が、実在するサイトと思い、商品を購入する手続きをして、指定された口座に代金を振り込むなどをしたが、商品が届かないといった被害です。

これには次の対応が必要と考えられます。

1）表示されている URL が実在するサイトのものかを確認することが必要です。

2）決済は、代金着払いなど、より安全性の高い方法を利用することが必要です。

3）個人情報やクレジットカード情報の入力画面が暗号化（HTTPS）されているかを確認することが必要です。

6-4-4 スマートフォンアプリのセキュリティ対策

悪意あるスマートフォンアプリにより、端末に保存されている電話帳などの情報が、知らぬ間に窃取される被害が発生しています。また、収集された個人情報が、スパム送信や不正請求詐欺などに悪用される二次被害も発生しています。

これらには以下の対応が必要と考えられます。

1）スマートフォンの OS は常に最新の状態に更新する。

2）アプリは信頼できる場所からインストールする（IE で Web ページを確認）。

3）「提供元不明のアプリ」はインストールしない設定にする。

4）アプリをインストールする際は、アクセス許可が問題ないかを確認する。

5）信頼のあるアプリは常に最新の状態に更新する。

6）セキュリティ対策ソフトを導入する。

6-4-5 SNS への軽率な投稿と、そのセキュリティ対策

SNS の普及にともない、個人がプライベート情報を投稿できるようになり、情報を軽率に SNS へ投稿したことが原因で、個人情報の漏洩事件が発生しています。

個人情報の漏洩には、以下の注意が必要と考えられます。

1）LINE などに、登録している電話帳を読み込むことで、電話帳に載っている友達と簡単につながることができます（自分の電話帳が収集されてしまいます）。

2）パソコン版の LINE では、電話帳の名前ではなく LINE にはじめから登録している氏名が表示されますので注意が必要です（自分の電話帳が公開されてしまいます）。

3）SNS で写真を「友だちの友だち」に公開すると、自分が気づかないうちにインターネット上に公開されるので、注意が必要です。

4）SNS への書き込みは、インターネット上に情報が公開されているということを念頭において、書き込む内容には十分注意をしながら利用することが大切です。

102　第6章　個人情報漏洩の問題とその対策

5）最近のGPS機能の付いたスマートフォンやデジタルカメラで撮影した写真には、目に見えない形で、撮影日時、場所など、さまざまな情報が含まれている場合があります。SNSに、こうした位置情報付きの写真をよく確認しないで掲載してしまうと、自宅や居場所が他人に特定されてしまう危険性があり、迷惑行為やストーカー被害などの犯罪の被害にあう可能性もあるため、十分注意が必要です。従って、他人が映っている写真（タグ付けを含む）、子どもの写真（子どもの名前を含む）、チェックイン情報（子どもの学校、自分の家、他人の家）、位置情報（GPS情報）の付いた写真、クレジットカードやデビットカードの写真などの投稿には十分注意を払う必要があります。

6）SNSは誰でも投稿することができることから、怪しいリンク（フィッシング詐欺、ワンクリック詐欺など）に誘導されますので注意が必要です。

7）プライベート用であっても、SNSは情報が拡散されやすい仕組みであることを認識して、投稿には気をつける必要があります。

8）SNSによってはルールが存在する場合もあります。どのSNSにも同じルールが存在しているとは限りませんので、登録したらまずはSNSのルール（プライバシーとセキュリティの設定など）を読み、必要に応じて再設定します。

6-5　個人情報保護法の今後の課題

　プライバシー意識の高まりなどを背景に各種名簿の作成が中止されるなど、「過剰反応」といわれる状況が一部に見られます。個人情報の利用者は提供者に対し、その利用目的や安全管理方法などについて具体的に説明し、趣旨を理解してもらい、同意を得ることが大切です。
　わが国政府は、2013年6月14日の閣議決定により、「オープンデータ・ビッグデータの活用の推進」、「**ビッグデータ**利活用による新事業・新サービス促進の実現」を進めています。そして、政府の新たなIT戦略「世界最先端IT国家創造宣言」では、「速やかにIT総合戦略本部の下に新たな検討組織を設置し、個人情報やプライバシー保護に配慮したパーソナルデータの利活用のルールを明確化した上で、個人情報保護ガイドラインの見直し、同意取得手続きの標準化などの取り組みを年内のできるだけ早期に着手するほか、新たな検討組織が第三者機関の設置を含む、新たな法的措置も視野に入れた制度見直し方針（ロードマップを含む）を2013年内に策定する」ことが決定され、施行されました。なお、2014年4月9日の新経済サミットでも、ビッグデータ、パーソナルデータの利活用（IoT／ビッグデータ／人工知能時代に対応し、企業・業種の枠を超えて産学官で利活用を促進する）と個人情報保護法改正に言及しています。パーソナル情報を取り巻く世界的な動向と、国内における次の課題に関連した、個人情報保護法の改正（平成29年5月30日より、改正個人情報保護法が全面施行されました）点に再度注視しましょう。いずれにしても、情報セキュリティを考えるうえで重要な

点は、「情報を利用する」という側面と「情報を守る」という側面とのバランスを意識することです（図6-5）。

学校は、積極的に生徒情報を活用して、生徒の才能や資質を伸ばす使命があります。

一方で、学校は生徒という大変センシティブ（他人に知られたくない情報）な個人情報を扱っている機関です。

「情報を利用する」（利便性）という側面と、「情報を守る」（セキュリティ）という側面のバランスが大切です。

法令を遵守しつつ、バランスのとれた現場での情報の運用が求められます。

図6-5　利便性と情報セキュリティ対策

■今後の課題
①グレーゾーン拡大への対応について述べなさい（保護されるパーソナルデータの定義とルールの明確化、個人情報であるか否かの判断主体・基準を明確化など）。
②パーソナルデータを利活用する新たな環境への対応について述べなさい（「個人が特定される可能性を低減したデータ」を活用し、個人情報およびプライバシーの保護に配慮したパーソナルデータの「事業者内での目的外利用」や「第三者提供」を可能とする環境の整備など）。

104 第6章 個人情報漏洩の問題とその対策

演習問題

1. OECD8原則のうち、収集制限の原則について、その収集制限の具体的な手段を述べなさい。

2. PCを使用時、ログオフやパスワード付きスクリーンセーバを起動する必要性を述べなさい。

3. セキュリティパッチおよびウイルスソフトを最新版にする必要性を述べなさい。

4. ウイルスソフトで完全スキャンを実施する必要性を述べなさい。

5. 携帯電話やスマートフォンについて、紛失防止策やナンバーロック、リモートロックを実施する必要性を述べなさい。

6. インターネットカフェなどの他人のPCでは、個人情報を扱わないようにする理由を述べなさい。

7. ファイル共有ソフトをインストールしない理由を述べなさい。

8. ランサムウェアとは何かを説明しなさい。

応用問題

1. 実名登録が原則のFacebookでは、公開する氏名や生年月日、性別、出身校、勤務先などの情報に加え、投稿内容を見れば比較的容易に個人を特定できます。こうしたFacebookの特性がトラブルを引き起こしてしまうこともあります。

   実際にFacebookを行っている皆さんの意見はどうでしょうか。また、どのようにすれば、安全で安心してFacebookができるようになるのかを、皆さんで考えてみましょう。

2. Webから個人情報を入力する場合（問い合わせなど）、第三者に個人の重要な情報を読み取られたり、改ざんされたりすることを防ぐためには、どのようなことを確認してから、入力フォームに自分の個人情報を入力しなければならないのかを、皆さんで考えてみましょう。

小テスト問題

問題１．2003年に個人情報保護法が制定され、2005年4月より全面施行されましたが、主な個人情報にはどのようなものがあるか列挙しなさい。

問題２．改正個人情報保護法が平成29年5月30日より全面施行されました。その主な内容を列挙しなさい。

問題３．個人情報がどのような状況のときにもっとも漏洩しやすく、漏洩しないようにするための対策をいくつかあげて説明しなさい。

問題４．日本における個人情報保護は、現状のままでよいかどうかを述べ、またその理由も書きなさい。

106　第6章　個人情報漏洩の問題とその対策

学生向けの情報セキュリティ診断チェックシート

No	項　目	内　容	チェック			
		以下の項目について、学生本人がすべて実施しているかをお答えください。 学生本人が一部実施している場合には「一部実施している」を選択してください。	実施している	一部実施している	実施していない	わからない
1	パソコンについて	Windows Update*1を行うなど、常にソフトウェアを安全な状態にしていますか？				
2		ファイル共有ソフト*2 を入れないようにするなど、ファイルが流出する危険性が高いソフトウェアを使わないようにしていますか？				
3		無線 LAN 利用時、公衆向けの無線 LAN（Wi-Fi）環境では常に公の場であることを意識して利用していますか？				
4		未使用時にパソコンの電源を落とすなど、他人に使われないようにしていますか？				
5	スマートフォンやタブレットについて	スマートフォン／タブレットのパスワードロック、紛失時の遠隔ロックなどを行うようにしていますか？				
6		スマートフォン／タブレットの OS（android、iOS）は常に最新の状態にするようにしていますか？				
7	パスワードについて	パスワードは自分の名前を避けるなど、他人に推測されにくいものに設定していますか？				
8		パスワードを他人が見えるような場所に貼らないなど、他人にわからないように管理していますか？				
9		ログイン用のパスワードを定期的に変更するなど、他人に見破られにくくしていますか？				
10	ウイルス対策について（スマートフォンやタブレットを含む）	パソコンにはウイルス対策ソフトを入れるなど、怪しいWebサイトや不審なメールを介したウイルスから、パソコンを守るための対策を行っていますか？				
11		ウイルス対策ソフトのウイルス定義ファイル*3 を自動更新するなど、常に最新のウイルス定義ファイルになるようにしていますか？				

12		電子メールを送る前に、目視にて送信先アドレスの確認をするなど、宛先の送信ミスを防ぐ方法を徹底していますか？				
13	メールについて	お互いのメールアドレスを知らない複数人にメールを送る場合は、Bcc*4 機能を活用するなど、メールアドレスを誤って他人に伝えてしまわないようにしていますか？				
14		重要情報をメールで送る場合は、暗号メールを使うか、重要情報を添付ファイルに書いてパスワード保護するなど、重要情報の保護をしていますか？				
15	Web アクセスについて	オンラインショッピングやネットバンキングのほか、個人情報を入力する Web サイトへのアクセス時に URL の先頭が "https : //" となっていることを確認していますか？				
16	バックアップについて	ランサムウェアの感染、故障、誤操作などに備えて重要情報が消失しないよう定期的にバックアップ対策をしていますか？				

合計(A)	合計(B)	合計(C)	合計(D)

合計 A×6 + B×3
／96

70 点以下は要注意ですよ！

※この診断シートで例示している対策方法については、これらだけで十分ということを保証するものではありません。
*1 Microsoft 社が提供している Windows の不具合を修正するプログラムです。
*2 Winny や Share など、インターネット上で不特定多数のコンピュータ間でファイル（データ）をやり取りできるソフトウェアです。
*3 コンピュータウイルスを検出するためのデータベースファイルです。
*4 Blind Carbon Copy の略で、ほかの受信者にメールアドレスを伏せて送信する機能です。

教職員向けの情報セキュリティ診断チェックシート

No	項　目	内　容	チェック			
		以下の項目について、すべての教職員が実施しているかをお答えください。 一部の教職員が実施している場合には「一部実施している」を選択してください。	実施している	一部実施している	実施していない	わからない
1	保管について	重要情報を机の上に放置せず、鍵付き書庫に保管し施錠するなど、重要情報がみだりに扱われないようにしていますか？				
2	持ち出しについて	重要情報を外部へ持ち出すときはパスワードロックをかけるなど、盗難・紛失対策をしていますか？				
3	廃棄について	重要な書類やCDなどを廃棄する場合は、シュレッダーで裁断するなど、重要情報が読めなくなるような処分をしていますか？				
4		重要情報の入ったパソコン・記憶媒体を廃棄する場合は、データを消去するソフトを利用したり、業者に消去を依頼するなど、電子データが読めなくなるような処理をしていますか？				
5	事務室について	事務室で見知らぬ人を見かけたら声をかけるなど、無許可の人の立ち入りがないようにしていますか？				
6		ノートパソコン利用者は、帰宅時に、机の上のノートパソコンを引き出しに片付け、鍵をかけるなど、盗難防止対策をしていますか？				
7		最終退出者は事務室を施錠し、退出の記録（日時、退出者）を残すなど、事務室の施錠を管理していますか？				
8	パソコンについて	Windows Update*1 を行うなど、常にソフトウェアを安全な状態にしていますか？				
9		ファイル共有ソフト*2 を入れないようにするなど、ファイルが流出する危険性が高いソフトウェアの使用を禁止していますか？				
10		学外での個人のパソコンの学務使用を許可制にするなど、学務で個人のパソコンを使用することの是非を明確にしていますか？				
11		帰宅時にパソコンの電源を落とすなど、他人に使われないようにしていますか？				

12		学外での個人のスマートフォンやタブレットの学務使用を許可制にするなど、学務で個人のスマートフォン／タブレットを使用することの是非を明確にしていますか？				
13	スマートフォンやタブレットについて	学務利用を許可している場合、スマートフォン／タブレットのパスワードロック、紛失時の遠隔ロックなどを行うようにネットワーク管理者などに指示されていますか？				
14		学務利用を許可している場合、スマートフォン／タブレットのOS（android、iOS）は常に最新の状態にするようにネットワーク管理者などに指示されていますか？				
15		パスワードは自分の名前を避けるなど、他人に推測されにくいものに設定していますか？				
16	パスワードについて	パスワードを他人が見えるような場所に貼らないなど、他人にわからないように管理していますか？				
17		ログイン用のパスワードを定期的に変更するなど、他人に見破られにくくしていますか？				
18	ウイルス対策について（スマートフォンやタブレットを含む）	パソコンにはウイルス対策ソフトを入れるなど、怪しいWebサイトや不審なメールを介したウイルスから、パソコンを守るための対策を行っていますか？				
19		ウイルス対策ソフトのウイルス定義ファイル*3を自動更新するなど、常に最新のウイルス定義ファイルになるようにしていますか？				
20		電子メールを送る前に、目視にて送信先アドレスの確認をするなど、宛先の送信ミスを防ぐ仕組みを徹底していますか？				
21	メールについて	お互いのメールアドレスを知らない複数人にメールを送る場合は、Bcc*4機能を活用するなど、メールアドレスを誤って他人に伝えてしまわないようにしていますか？				
22		重要情報をメールで送る場合は、暗号メールを使うか、重要情報を添付ファイルに書いてパスワード保護するなど、重要情報の保護をしていますか？				
23	Webアクセスについて	オンラインショッピングやネットバンキングのほか、個人情報を入力するWebサイトへのアクセス時にURLの先頭が"https://"となっていることを確認していますか？				

110　第6章　個人情報漏洩の問題とその対策

24	バックアップについて	重要情報のバックアップを定期的に行うなど、故障や誤操作などに備えて重要情報が消失しないような対策をしていますか？				
25	教職員について	採用の際に守秘義務があることを知らせるなど、教職員に機密を守らせていますか？				
26		情報管理の大切さなどを定期的に説明するなど、教職員に意識付けを行っていますか？				
27		ウイルス対策ソフトだけでは防げない新たな脅威（標的型攻撃[*5]ほか）に関し、定期的に従業員への教育、啓発による意識付けを行っていますか？				
28	外部の利用者について	契約書に秘密保持（守秘義務）の項目を盛り込むなど、外部の利用者に機密を守ることを求めていますか？				
29	事故対応について	重要情報の流出や紛失、盗難があった場合の対応手順書を作成するなど、事故が発生した場合の準備をしていますか？				
30	ルールについて	情報セキュリティ対策（上記1〜29など）を大学のルールにするなど、情報セキュリティ対策の内容を明確にしていますか？				

合計(A)	合計(B)	合計(C)	合計(D)

合計 A×4 + B×2
／120

70点以下は
要注意ですよ！

※この診断シートで例示している対策方法については、これらだけで十分ということを保証するものではありません。
[*1] Microsoft社が提供しているWindowsの不具合を修正するプログラムです。
[*2] WinnyやShareなど、インターネット上で不特定多数のコンピュータ間でファイル（データ）をやり取りできるソフトウェアです。
[*3] コンピュータウイルスを検出するためのデータベースファイルです。
[*4] Blind Carbon Copyの略で、ほかの受信者にメールアドレスを伏せて送信する機能です。
[*5] 標的型攻撃とは、特定の企業などの組織、サービスに対して行われるサイバー攻撃です。

第7章　電子メールの仕組みと情報倫理

インターネットで利用できるサービスは複数あります。一般によく知られているのが電子メール（Electronic Mail、略して **E メール**と呼びます）、WWW（World Wide Web）があります。本章では、前者の E メールの仕組みと情報倫理について述べます。

E メールは、ある人から別の人へ電子的にメッセージを送受信することができます。いわゆる、電子的な郵便物と考えてよいのですが、その仕組みにより通常の郵便とは異なる特徴を有しているため、その仕組みを十分に理解し、情報倫理（モラル）を遵守した利用を行う必要があります。

7-1　電子メールの仕組み

1）E メールの送受信経路

一般的な家庭の A さんから B さんへ E メールの送受信経路を図 7-1 に示します。送信手順は次のようになります。

① A さんが使用している PC から送信された E メールは、A さんが契約しているプロバイダーのメールサーバに到着します。

② 到着した E メールは宛先となっている B さんのメールボックスへ送信されます。

③ このとき、B さんのメールボックスが存在するメールサーバまで、複数のメールサーバを経由することもあります。

④ E メールの送信はここで終了しますが、B さんが B さんへ届いた E メールを見るためには、B さんが利用するメールソフトと B さんのメールボックスが存在するメールサーバで行われます。

⑤ 通常は、B さんが使用しているメールソフトを起動することにより、B さんのところへ届いたメールを自動的に受信するようにしています。

⑥ A さんがメールを受信するときは、同様に、A さんが使用しているメールソフトを起動することにより、A さんのところへ届いたメールを自動的に受信するようにしています。

E メールが宛先のメールボックスへ届くまでの処理と、届いたメールを受信する処理は別で、前者には「SMTP」、後者には「POP3」のプロトコルが用意されています。

2）利用者の認証

E メールは、基本的には個人から個人へメッセージを送受信するために利用されるものなの

で、送受信するコンピュータに、現在利用している人は誰なのかを知らせる必要があります。これを利用者の**認証**と呼んでいます。今、コンピュータを利用している人が誰であるかをコンピュータに正しく識別させるために、ほかの人と区別がつくようにしたものが**ユーザID**（Identification）です。ユーザIDと対になるのが**パスワード**（Password）で、使用するユーザIDとパスワードが正しく入力されることで利用できるようになります。そのため、ユーザIDとパスワードは重要で、パスワード入力は画面表示されないようにしています。

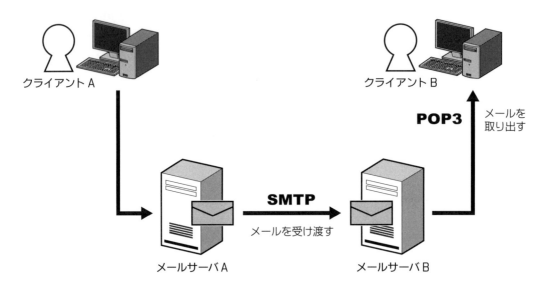

図7-1　Eメールの送受信経路

3）Eメールの特性

　Eメールを利用するためには、Eメールを送受信するコンピュータとコンピュータを接続しているLAN（Local Area Network）ケーブルにより契約しているメールサーバに接続され、Eメールを読み書きするメールソフトウェア（**メーラー**：Mail User Agent）がコンピュータにインストールされていることが必要です。そのうえで、通常の郵便物との違いを、送り側から表7-1、受ける側から表7-2に示します。

表7-1 送る側

通常の郵便	Eメール
①筆記用具を用いて紙面上に書く。文章の追加、修正が面倒です。	キーボード入力。画面上で文章の追加、修正が容易です。
②書いたものは郵便ポストへ。郵便ポストへ入れるまで時間を要します。	インターネットに接続されたPC上から、書いたらすぐに送信することができます。
③相手が書いた文への返信は引用が必要です。	返信機能やコピー機能を用いて簡単に返信可能です。
④既存の文書ファイルはハードコピーして利用します。	既存の文（ファイル）の引用が簡単に行えます。
⑤一度に複数の人へは、その都度文書を書く必要があります。	一度に複数の人へ、同時に簡単に送信できます。
⑥遠隔地だと時間がかかります。特に、海外だと料金と日数を要します。	遠隔地も近隣も短時間で届き、料金も変わりません。
⑦郵便が届く場所で受けとらなければならないので、不在だと読めないことがあります。	ネットワークに接続されたPCがあればどこでも読めます。
⑧郵便を出したあとでも、相手が開封する前までなら取り戻すことも可能です。	一度送信したメールは取り消しができません。

表7-2 受ける側

通常の郵便	Eメール
①紙ベースに書かれたものを読みます。	画面上で読みます。
②配達された場所で読みます。	PCで受信できる場所ならどこでも読むことができます。
③郵便物の内容は、内容を読むまでわからないので郵便物の分類は、内容を読んでから行います。	件名により、メールの分類を簡単に行うことができます。
④速達便により緊急性を知らせることができますが、速達料金がかかります。	重要メールのマークを行うことにより、重要メールを知ることができます。件名でもメールの重要性を知ることができます。
⑤複数の郵便物の整理、保存が厄介です。	PC上で整理が簡単にでき、ハードディスクへの保存が簡単にできます。
⑥郵便物はめったに読めなくなることはありません。	送受信するPCの環境設定により、文字化けが起こり、ときには読めないときもあります。
⑦郵便物を送るまでに時間があるので、めったに宛名を間違った郵便物は届きません。	簡単にメール送信ができるので、宛先を間違えて送信してしまうときがあるので、受け取る側では意味のわからないメールが届くことがあります。

4）Eメールのマナー

Eメールを送受信する際のマナーとして、Eメールの特性から生じているものと、情報倫理（モラル）から起因しているものの2つに大別してみます。

■ Eメールの特性から生じるもの

① 送信したメールの取り消しはできないため、メールの送信先および内容を十分に確認してからメールを送信すること。

② 送受信するコンピュータの機能およびメーラーが同一とは限らないので、文字化けが生じることがあるので注意が必要である。たとえば、件名に漢字を用いる場合は、受信する相手のコンピュータ環境を考慮して行うこと。

③ 添付ファイルを送る必要が生じた場合は、添付ファイルがウイルス感染していないかどうかを確かめたうえで、大量のデータは送らないようにすること。

④ 1行は70英数字（漢字35文字）以内にしておくなど、画面上で見るためのレイアウトを考慮すること。

⑤ To（宛先）、Cc（カーボンコピーの宛先）のアドレスは適当かどうか確認すること。

以上の注意を十分に払う必要があります。

■ 情報倫理（モラル）から生じるもの

① メールの本文中にも、宛先名および差出人名を明記すること。

② 他人のプライバシーを侵害していないかどうか確認すること。

③ 他人の文章を無断で引用したりなど、著作権を侵害していないかどうか確認すること。

④ 引用している文章は、引用マーク（＞）が付いているか確認すること。

⑤ 相手に無断で、添付ファイルなどで大量のデータを送らないようにすること。

⑥ 感情的になって書かれた文章がないかどうか確認すること。

⑦ 電子メールのやりとり、掲示板での意見交換で、議論がエスカレートし、感情的な発言になった（炎上した）場合は、そこで議論を一旦中止すること。

⑧ 議論をしている相手が知人や友人の場合は、直接の対話によりお互いの意見について理解しあうこと。

⑨ 議論をしている相手がまったく知らない人の場合は、そのような議論をストップして、その後の議論は行わないこと。

⑩ 送信する相手先が海外の場合、相手の国の文化、言語、習慣などを考慮すること。

以上の注意を十分に払う必要があります。

115

5）携帯メールと PC メール

　Eメールを携帯電話で利用する場合と、固定された PC から利用する場合とを、それぞれ携帯メール、PC メールと呼ぶことにします。これらの利用形態は次の３つになります。

　　①　PC メール・PC メール
　　②　携帯メール・携帯メール
　　③　携帯メール・PC メール

①については、これまで述べてきていますので、ここでは②、③について説明します。

■ 携帯メール・携帯メール、携帯メール・PC メールの守るべきマナー

　　①　件名（Subject）を書かない人がいますが、件名は必ず書くようにすること。
　　②　携帯メール同士だと、本文中に相手の名前および差出人である自分の名前を書かなくとも、あらかじめ登録しているとわかるのでわざわざ書かない人がいますが、PCメールではわからないときがありますので、必ず本文中に相手と自分の名前を書く習慣を付けること。
　　③　携帯メール同士だと、携帯画面のサイズ内で文章をレイアウトして書きますが、PCメールから携帯メールへは、携帯画面サイズを考慮した文字数で文章を改行して送信すること。
　　④　携帯の機種に依存した文字は、Eメールを受信する側が同じメーカであればよいが、そうでない場合は、文字化けを起こすので、機種に依存した顔文字などを送信する場合は、受信側の環境を考慮して行うこと。
　　⑤　特に、PCメールから携帯メールへメールを送る場合、本文は要点のみにして、重要なことははじめの方に書くこと。
　　⑥　携帯メールを利用している人は、メールを受けるとすぐに返事を出さなければならないと思っている人が多いのですが、携帯メールからPCメールへのメール送信では、PCメールを読む時間により返事が遅くなることがあることを理解すること。
　　　　携帯メール同士でも、携帯の電源を入れることができない時間帯があり、その時間帯で受けたメールには、すぐには返事を出せないことをお互いに理解すること。

　以上の注意を十分に払う必要があります。

6）ML（Mailing List）利用のマナー

　MLは、特定のメンバーのメールアドレスをまとめて１つのメールアドレスにしたものです。そのメールアドレスへメールすると登録された全員へメールが送られます。同じメンバーへ会議案内などを出すときに大変便利となります。MLの場合、メールを配送する相手が多いので、ML 宛てのメールアドレスへメールするときは次のことを守りましょう。

116 第7章 電子メールの仕組みと情報倫理

① メンバーがメールを投稿する場合、全文引用はしないこと。
② はじめに自己紹介を行うこと。
③ 発信者が話題の流れ（スレッド）を把握するために、たとえば、"Message-ID"、"In-reply-to"、"References"といったメッセージ識別子を記述するフィールドを作成する必要があること。
④ 投稿したメールを見られるように、まとめて公開されるWebページを、必要に応じて準備しておくこと。
⑤ MLの範囲（人数、閉鎖性）を意識して行うこと。クローズしたMLか、そうでなくオープンなMLなのかを確認しておくこと。

以上の注意を十分に行う必要があります。

7）顔文字（face mark）

　顔文字の使用は文章の表現の補足として大変有効ですが、送る相手によってはまったく逆効果になることもあります。ごく親しい間柄では使用してもよいかと思いますが、その使い方に十分気をつけましょう。

笑顔　　（ˆoˆ）
驚き　　（*_*）
泣き　　（T_T）
混乱　　（@_@）
おわび　m(_)m
などあります。

7-2　電子メール

　Windows上でよく利用されているメーラーにMicrosoft社の**Outlook Express**があります。最近はWebブラウザから利用できるWebメールもよく利用されています。ここでは、Outlook Expressを利用した電子メールの方法について説明します。電子メールを利用するためには、まず、電子メールを利用するためのアカウントと受信メールサーバのホスト名、受信メールサーバの種類、送信メールサーバなどの情報を入手する必要があります。
　その後で、メールサーバ接続のために、デスクトップ上にある[スタート] → [すべてのプログラム] → [Outlook Express]へ移動し起動します。電子メールを利用するためには、インターネット接続ウィザードに従って、電子メールを利用するために必要な情報を設定します。次に、Outlook Expressを起動したときに表示される画面を図7-2に示します。
　はじめに受信トレイが表示されるように、Outlook Expressのウィンドウ画面上部のメニューバーにある[ツール] → [オプション]をクリックすると、図7-3に示す[オプション]のダイ

アログが表示されます。そのダイアログ上の「全般」をクリックし、「起動時に[受信トレイ]を開く（W）」の左側の四角の箇所にチェックを入れます。ほかに、必要と考えた場所にチェックを入れます。不要な場合はチェックをはずします。

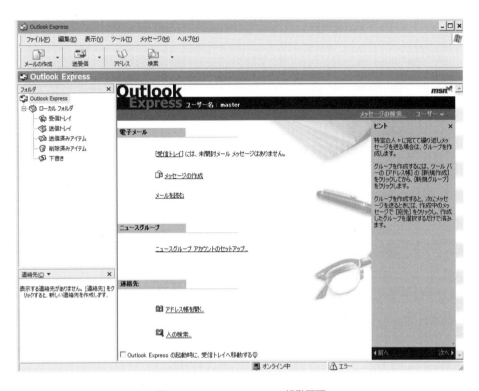

図7-2 Outlook Express の起動画面

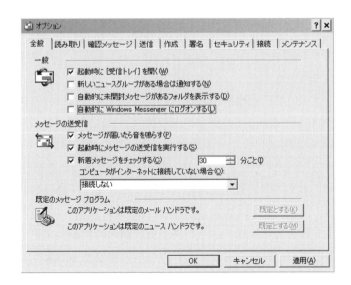

図7-3 オプションの画面（全般）

次に、メールの送信形式の設定を行います。インターネットでよく利用される電子メールの形式にはHTML形式とテキスト形式の2種類があります。標準では、HTML形式になっていますが、メールの汎用性を考え、テキスト形式にしておきます。その設定は、同じく［オプション］ダイアログ上で、「送信」をクリックすると、図7-4に示すダイアログが表示されます。

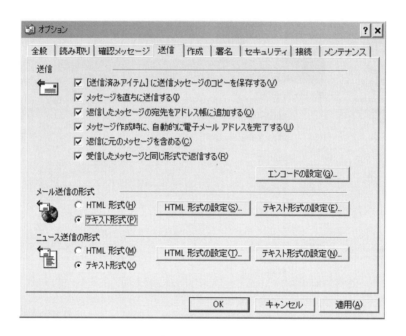

図7-4　オプションの画面（送信）

　図7-4において、「メール送信の形式」および「ニュース送信の形式」にある「テキスト形式」のボタンをクリックします。その他、送信に必要だと思われる「送信」の項目にチェックを入れます。図7-4の例では、すべての項目にチェックを入れています。署名などの設定もこのダイアグラムで行います。

　電子メールの送信について、就職活動のときの資料請求を会社へ行う例を図7-5に示しています。はじめに、Outlook Expressのウィンドウの「メール作成」アイコンをクリックすると、「メッセージのメール作成」ウィンドウが表示されるので、「宛先：」に資料請求を行う会社のメールアドレスを入力します。件名にはメールの内容がわかるように、「資料請求のお願い」と入力します。本文には、宛先を省略しないで書きます。部署名および、受取人の名前の間違いがないか、確認します。次に、「突然のメールで失礼します。」というような文章が必要で、その次に自分を名乗ります。そして、資料請求のお願い文を丁寧に記入します。大事なことは、そのあとの、資料を送ってもらう住所は郵便番号も書くこと、連絡用のメールアドレス、電話番号などを書きます。すべて、記入した後、再度間違いがないか確かめてから、「送信」アイコンをクリックします。作成したメールアドレスが直ちに送信しないよう

な設定にしている場合は、作成した電子メールが送信トレイに一時的に保存されていますので、Outlook Express の右上にある「送受信」アイコンをクリックすることにより送信されます。

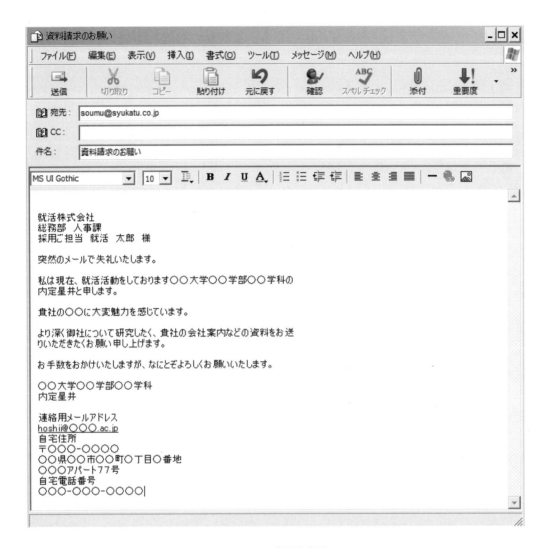

図7-5 資料請求例

電子メールの受信は、Outlook Express の右上の「送受信」アイコンをクリックすることにより受信することができます。

120　第7章　電子メールの仕組みと情報倫理

演習問題

1．電子メールでは、メールを送信したあとは、そのメールを削除することができません。そのようにしている理由を述べなさい。

2．電子メールを利用するにあたり、利用者の ID と認証を行うパスワードが必要となりますが、その理由を述べなさい。

3．電子メールのやりとりを履歴として残しながら、電子メールの送受信を行っている場合があります。この場合、履歴を残したままで、そのメールを第3者へ送信した場合の問題点を述べなさい。

4．電子メールには大きく分けて携帯メールと PC メールとがあります。携帯メールと PC メールとの送受信で注意しなければならないことを述べなさい。

5．ML（Mailing List）の利用にあたり注意しなければならないことを述べなさい。

6．特に、携帯メールで顔文字は、ときには読む人の心を和やかにさせる効果がありますが、顔文字の利用には TPO（Time Place Occasion）を考える必要があります。具体的な例をあげて説明しなさい。

7．電子メールのやりとりのなかで、議論がエスカレートした場合の対応方法を述べなさい。

応用問題

1．昨今の Web 上の掲示板における意見交換においては、情報倫理（モラル）が欠如しているといわれています。そのために、掲示板で意見交換を行う場合、実名で行うべきであるという意見があります。また、実名は個人情報なので、Web 上には個人情報をできるだけ記載しない方がよいという意見もあります。また、無記名ですと、無責任な意見が多く出されるのと、意見そのものに重みがないという考え方から、ハンドルネームやニックネームを用いるべきであるという意見もあります。実際に Web 上で意見交換を行っている皆さんの意見はどうでしょうか。また、どのようにすれば、安全で安心して意見交換ができるようになるのかを、皆さんで考えてみましょう。

2．現在は、電子メールを講義などでわからないことを教員へ質問したりすることなどに、よく利用されています。学生は携帯メールをよく利用し、教員側はPCメールで受けることが多いのが現状です。学生から次のような質問メールが教師へ届きました。このメールは携帯メールを利用しているところから起きている問題もあります。伝えたい意思が伝達できるように修正してみました。修正する前のメールと修正した後のメールとでは、

何がどのように異なっているかを示しなさい。なお、下記には件名と本文のみを掲載しています。

修正前）

> 件名：なし
> 本文：
> 　質問がありますので、明日伺います。

修正後）

> 件名：講義に関しての質問です
> 本文：
> 　山田太郎先生へ
>
> 　１年Ａ組学籍番号50番の山田花子です。
>
> 　５月７日（木）の２講時目の情報リテラシーでの講義で、次の２点がよくわかりませんでしたので、明日、質問に教員室の方へ伺ってもよろしいでしょうか。
>
> 　明日の先生のご都合のよろしい時間帯をお知らせください。
>
> 　質問事項
> 　１）２進数から10進数への変換方法
> 　２）アナログデータとデジタルデータの違い
> よろしくお願いいたします。

第8章 Web ページの作成と情報倫理

インターネットで利用できるもう１つのサービスに、**WWW**（World Wide Web：世界中に広がる蜘蛛の巣）による Web ページによる情報発信および検索があります。本章では、情報倫理（モラル）を意識した Web ページの作成について述べます。

8-1 Web ページの作成方法

本来は、Web サイトのページ中の表紙にあたるのがホームページであり、すなわち Web ページの場所（**URL**：Uniform Resource Locator）を指しているのが Web サイトです。Web サイト内のページはお互いにハイパーリンク（Hyper Link）されています。インターネット上の Web ページを閲覧するためのソフトウェアはブラウザ（Browser）と呼ばれ、よく使われているものに Microsoft 社の Internet Explorer などがあります。Web ページを作成する方法として次の３つがあげられます。

① **HTML**（Hyper Text Markup Language）や **XML**（Extensible Text Markup Language）などの言語を用いて作成します。
② Word などのワープロソフトを使って Web ページをつくり、html 形式でデータ保存することにより作成します。
③ 市販の Web ページ作成ツールを利用して作成します。

本章では、汎用性があり基本となるテキスト編集用言語 HTML による Web ページ作成について述べます。

8-2 Web ページ作成の基本

1．HTML とは

HTML は 〈 〉で囲んだ**タグ**と呼ばれる目印を使って文章の構造を指定します。このタグは、〈HTML〉…〈/HTML〉、〈HEAD〉…〈/HEAD〉、〈TITLE〉…〈/TITLE〉、〈BODY〉…〈/BODY〉のように、開始タグと終了タグのペアになっています。終了タグは ／（スラッシュ）で始まります。タグはアルファベットの大文字でも小文字でも書くことができますが、半角で書くことに注意してください。本節の２ではアルファベットの大文字で、本節の３では小文字で書いています。

2. HTMLによる基本要素

「山田太郎のホームページへようこそ」という文字を表示するだけのWebページをHTMLで書くと次のようになります。

　　〈HTML〉
　　〈HEAD〉
　　〈TITLE〉山田太郎のホームページ〈/TITLE〉
　　〈/HEAD〉
　　〈BODY〉
　　山田太郎のホームページへようこそ
　　〈/BODY〉
　　〈/HTML〉

これをメモ帳にタグの部分は半角で、本文である「山田太郎のホームページへようこそ」の部分は全角で書き、ファイル名をkihonとしてテキストデータで保存します。Webとして見るときはファイル拡張子.htmlを付けて保存します。完成したWebページは図8-1のように画面上に出ます。

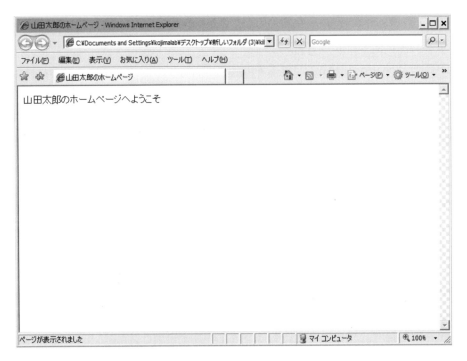

図8-1　HTMLで記載した基本構成要素のWebページ

図 8-1 の基本要素で使用している基本タグの説明をします。

（1）〈HTML〉………〈/HTML〉

Web ページの内容全体を囲むタグで、その文章は HTML であることを示しています。

（2）〈HEAD〉………〈/HEAD〉

HTML 文書のヘッダー部を示しているタグです。次の〈TITLE〉タグがこの中に入ります。

（3）〈TITLE〉………〈/TITLE〉

タイトルを表すタグです。〈HEAD〉タグの中に書きます。ここに書かれたタイトル名がブラウザのウィンドウのタイトルバーに表示されます。

（4）〈BODY〉………〈/BODY〉

HTML 文書の本文を示しています。このタグで囲まれた部分が Web 上に現れます。

3．テキストの書体とレイアウト

テキストの書体として、〈H〉タグで見出しのサイズ、〈CENTER〉タグでセンタリングを行い、〈HR〉タグで水平ライン、〈BR〉タグで文字の改行を行う例を、図 8-1 の HTML で記載した基本要素のページに追加すると次のようになります。

```
〈HTML〉
〈HEAD〉
〈TITLE〉山田太郎のホームページ〈/TITLE〉
〈/HEAD〉
〈BODY〉
〈CENTER〉
〈HR〉
〈H1〉山田太郎のホームページへようこそ〈/H1〉
〈HR〉
〈H3〉ようこそ、太郎のページへ〈BR〉
 Welcome to Taro's Home Page〈/H3〉
〈/CENTER〉
〈/BODY〉
〈/HTML〉
```

これをメモ帳に書き、ファイル名を moji としてテキストデータで保存します。Web として見るときはファイル拡張子.html を付けて保存します。完成した Web ページは図 8-2 のよう

に画面上に出ます。

図8-2　文字のレイアウトを考慮したWebページ

図8-2で、新たに使用しているタグについて説明します。

（1）〈HR〉
改行したうえで、水平線を1本入れます。文章に区切りを付けて、見やすくするときに使用します。

（2）〈Hn〉………〈/Hn〉
見出し文字として使用します。nは1から6までの値を指定できます。1が最大で、数字が6に近くなるにつれて文字サイズが小さくなり、6で最小文字となります。〈H〉タグを使用した場合は自動的に前後に1行ずつ空白行をとります。

（3）〈CENTER〉………〈/CENTER〉
〈CENTER〉タグで囲まれた部分を、中央へ移動します。左サイドへは〈div align="LEFT"〉…〈/div〉で、右サイドへは〈div align="RIGHT"〉…〈/div〉で、囲まれた部分が移動します。

（4）〈BR〉

改行を示すタグです。ブラウザ上で見るときは、ウィンドウの幅に合わせて自動的に改行されますので、特定の場所で改行したいときに入れるようにします。

４．文字色、背景色

文字色および背景色を〈BODY〉タグのところで、指定することができます。図 8-2 のテキストとレイアウトを付加したページに、文字色と背景色を指定した例は次のようになります。

```
〈HTML〉
〈HEAD〉
〈TITLE〉山田太郎のホームページ〈/TITLE〉
〈/HEAD〉
〈BODY BGCOLOR="yellow" TEXT="skygreen"〉
〈CENTER〉
〈HR〉
〈H1〉山田太郎のホームページへようこそ〈/H1〉
〈HR〉
〈H3〉ようこそ、太郎のページへ〈BR〉
 Welcome to Taro's Home Page〈/H3〉
〈/CENTER〉
〈/BODY〉
〈/HTML〉
```

これをメモ帳に書き、ファイル名を haikei としてテキストデータで保存します。Web として見るときはファイル拡張子.html を付けて保存します。完成した Web ページは図 8-3 のように画面上に出ます。

図 8-3 で、〈BODY BGCOLOR="#87CEEB"TEXT="#000000"〉の部分で、文字色、背景色を指定しています。＃のあとは 16 進数で R（赤）、G（緑）、B（青）の輝度の値を 16 進表示で 00 から FF までで指定します。図 8-3 の例は、背景色は黄色で、文字色は黒となります。R、G、B の情報量だけではすぐに色がわからない場合がありますので、16 進カラーコード表から表示したいカラー名を、16 進のかわりに入力することで可能となります。図 8-3 の場合は、〈BODY BGCPLOR="skyblue" TEXT="black"〉となります。表8-1 には、代表的な 16 色と 16 進コードを示しています。

128　第8章　Webページの作成と情報倫理

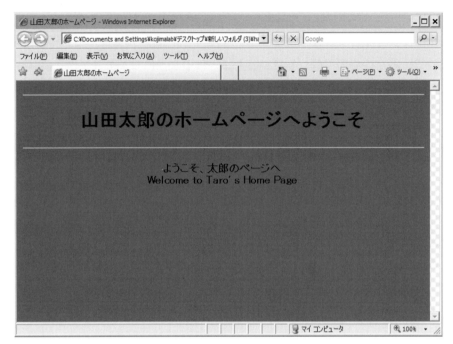

図8−3　文字色、背景色を指定したWebページ

表8−1　代表的な16色

色	名称	16進コード
黒	black	000000
白	white	FFFFFF
濃紺	navy	000080
紫	purple	800080
濃い青緑	teal	008080
黄緑	lime	00FFE0
黄	yellow	FFFF00
赤	red	FF0000

色	名称	16進コード
灰色	gray	808080
銀	silver	C0C0C0
青	blue	0000FF
水色	aqua	00FFFF
オリーブ色	olive	808000
栗色	maroon	800000
緑	green	008000
紫紅色	magenta	FF00FF

8−3　Webページ作成

　Webページを作成します。はじめに、デザインを考えてみます。トップページ（ホームページ）からその子ページへと木構造をとるような、階層構造で考えてみます。トップページのファイルはIndex.htmlとします。子ページとしてInfo.html、Profile.html、Diary.html、Report.htmlの4つのファイルを作成します。その構成図は図8-4に示します。

Report.html のファイルの下に、巻末の課題としてあげているインターネット利用に関するモラル、著作権に関すること、個人情報保護に関することを、それぞれ Info_morality.html、Copyright.html、Privacy.html というファイル名で作成します。

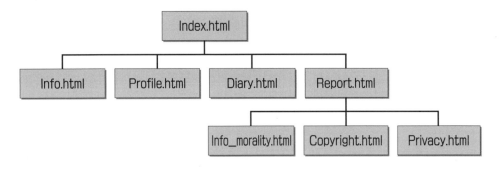

図8-4　階層構造によるファイル構成

1．トップページの作成

　図 8-4 の階層構造によるファイル構成で、Index.html の Web ページを作成したものが図 8-5 となります。図 8-4 の Report.html の下に Info_moral.html,Copyright.html,Privacy.html が階層構造の下のファイルへリンクします。リンク先には大きく分けて次の 3 種類があります。

① 同じファイル上の別の場所
② 同じサーバ上の別のファイル
③ ほかのサーバ上のファイル

ここでは、②の同じサーバ上の別のファイルへリンクさせる例で示します。
次に、図 8-5 の Index.html の Web ページの作成方法を示します。

```
<html>
<head>
<title>山田太郎の部屋</title>
</head>
<body bgcolor="skyblue" text="black">
<center>
<font size="7">太郎の部屋</font>
<br>
<font size="5">Hello♪</font>
<br>
ようこそ太郎の部屋へ！
<br><br><br>
```

☆メニュー☆

<a href="Info.html">インフォメーション</a>
<a href="Profile.html">自己紹介</a>
<a href="Diary.html">日記</a>
<a href="Report.html">レポート</a>

</center>
</body>
</html>

　これをメモ帳に書き、ファイル名を Index.html で保存すると、図 8-5 に示す Web ページが作成できます。

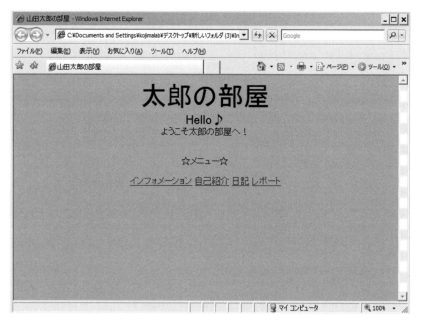

図8-5　Index.html ページ

　図 8-5 に示すアンダーラインがひかれている部分が、ほかのファイルへリンクしている部分です。インフォメーションというファイルへリンクさせるためには、次のようになります。

　　<a href="Info.html">インフォメーション</a>

　この場合注意することは、トップページ Index.html ファイルが存在する場所と同じディレクトリ上に Info.html ファイルを作成しておかなければならないことです。ファイル名で、大文字と小文字を識別しますので、まったく同じファイル名にしないと、目的とするファイ

ル名を呼び出すことができません。画面上には下線付きで"インフォメーション"という文字だけが表示され、その文字の部分をクリックすることにより Info.html ファイルへとリンクすることができます。

２．Info.html ファイルの作成

　このファイルは、Web ページ全体はどのような Web ページかを紹介しています。このファイルを見ることにより、Web ページがどのような意図で作成されたのかを示しています。Web ページを見てもらおうと、ついつい過激な言葉を使用したり、インパクトのある画像データをということで、ほかの Web ページから無断で画像データをダウンロードしてはいけません。著作権にふれないように、また、多くの人から見て不愉快になるような画像データを利用しないようにします。

```
<html>
<head>
<title>インフォメーション</title>
</head>
<body bgcolor="#00ff00" text="#000010">
<contor>
<font size="7">インフォメーション</font>
<hr size="5" width="50%" color="magenta">
<br>
太郎の部屋では、自己紹介や日記を掲載しています。
<br>
情報リテラシーで学習した「インターネット利用時のモラル」、「著作権」、
<br>
「個人情報保護法」についてもまとめたレポートを掲載しています。
<br>
これらを遵守したホームページ作成を心がけています。
<br>
どうぞ皆様ご覧になってください。
<br>
<br>
<br>
<a href="Index.html">トップへ戻る</a>
</center>
</body>
</html>
```

これをメモ帳に書き、ファイル名を Info.html で保存すると、図8-6 に示す Web ページが作成できます。

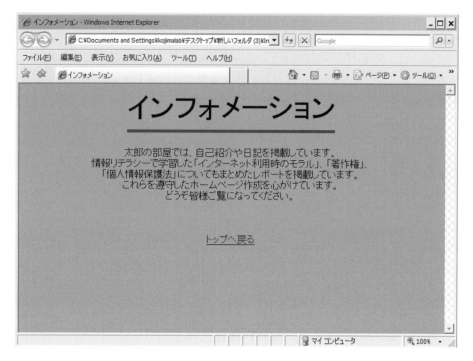

図8-6 Info.html ページ

ここでは、水平線の使い方について説明します。

　　<hr size="5" width="50%" color="magenta">

水平線は、文章の区切りを表すことで、よく使うタグを説明します。幅は size でピクセル値で、水平線の長さを画面全体の半分の長さにするときは、50%という割合で表現することができます。長さはピクセル（画素）数でも表現できますが、パーセント表示の方がわかりやすい場合はこの方法を用います。また、水平線にカラー指定もできます。

3．Profile.html ファイルの作成

このファイルは自己紹介のページです。Web ページを公開している場合は、どのような人が Web ページを書いているのか大変気になります。そこで、簡単に趣味などを紹介しておくのがよいでしょう。自分を知ってもらおうと、詳細な個人データの記載はやめておきましょう。個人情報の漏洩につながります。また、個人を容易に特定できる住所や電話番号、顔写真などは掲載しないようにしましょう。電話番号や生年月日は、コンピュータを接続するときのパスワードに用いている場合が多いので、パスワードに関係するものは Web 上には掲載

しないようにします。公開している Web ページは世界中から見られていることを常に意識しましょう。一度、漏洩した情報は取り戻せません。

　ここでは、表を用いて、ごく簡単な自己紹介の記載例を示しています。

```
<html>
<head>
<title>プロフィール</title>
</head>
<body bgcolor="#00ff00" text="#000000">
<center>
<font size="5">自己紹介</font>
<br><br><br><br><br>
<table border="7">
<tr>
<td>名前</td>
<td>山田　太郎</td>
</tr>
<tr>
<td>年齢</td>
<td>19 才</td>
</tr>
<tr>
<td>星座</td>
<td>おひつじ座</td>
</tr>
<tr>
<td>趣味</td>
<td>音楽</td>
</tr>
<tr>
<td>クラブ</td>
<td>サッカー部</td>
</tr>
<tr>
<td>大好物</td>
<td>カレーライス</td>
```

```
</tr>
</table>
<br><br><br>
<a href="Index.html">トップへ戻る</a>
</center>
</body>
</html>
```

これをメモ帳に書き、ファイル名を Profile.html で保存すると、図 8-7 に示す Web ページが作成できます。

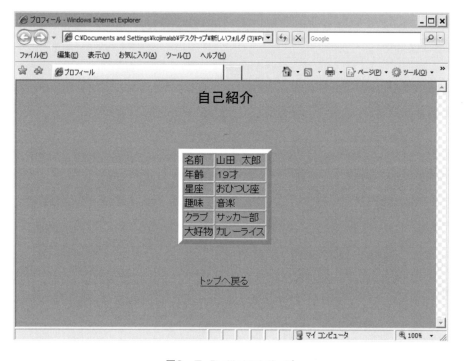

図8-7　Profile.html ページ

ここでは、表の作成について説明します。

```
<table border="7">
<tr>
<td>名前</td>
<td>山田　太郎</td>
</tr>
</table>
```

表の枠線の太さは border="7" というところで、数字を大きくすると枠線が太くなります。<td>…</td>で囲まれた内容がテーブルのセル（要素）となり、横に並べられていきます。<tr>…</tr>で囲まれたセルは同行の列ブロックを構成します。2列の表を考えた場合、2列のセルの内容はそれぞれ"名前"、"山田太郎"となり、1行分のデータが揃います。そのため、ここまでを<tr>…</tr>で囲みます。この部分をセットにしてコピーして追加することにより、表の行の部分が追加可能となります。表は<table>…</table>までとなります。

4. Diary.html ファイルの作成

このファイルは日常的なことで、Web に掲載したいものがあったときに作成するようにします。毎日、データ作成をしないといけないという考え方ですと、長続きしません。何か掲載したいとき、あるいはイベントなどの行事について掲載してもよいかと思います。この部分だけで独立したものに、Blog（Web log の略）があります。Web ページの中に、Blog のようなページがあると魅力ある Web ページになるかと思います。この場合、掲載する写真の著作権は大丈夫か、個人情報にふれていないかどうか考える必要があります。Web の中に、日記という項目で掲載する場合、必要なデータは日付と写真です。文章は簡単にして、写真などを掲載するようにすると、見やすい Web ページが完成すると思います。

```html
<html>
<head>
<title>日記</title>
</head>
<body bgcolor="yellow" text="skygreen">
<center>
<font size="4">日記</font>
<br>
<hr width="500" color="magenta">
11月28日(水)
<br><br><br>
太白山は美しい円錐形の山で、
仙台市内の各所から眺めることができます。
<br><br>
<img src="太白山.jpg">
<br>
<hr width="500" color="magenta">
<br><br><br><br><br><br>
<a href="Index.html">トップへ戻る</a>
```

```
</center>
</body>
</html>
```

　これをメモ帳に書き、ファイル名を Diary.html で保存すると、図 8-8 に示す Web ページが作成できます。

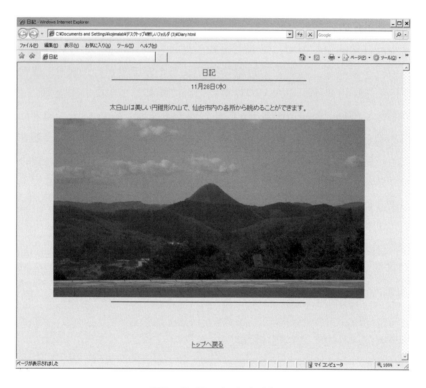

図 8-8　Diary.html ページ

　画像データの掲載方法について説明します。掲載する画像データを同じディレクトリ上に置く必要があります。太白山.jpg というファイル名で、太白山の画像データを掲載しています。図 8-8 で掲載している画像データは Web 上からフリーで掲載可能なデータをダウンロードして使用しています。画像データを入れることにより、Web ページは魅力あるものとなります。しかし、Web 上に公開されている画像データは、それぞれ著作権がありますので、フリーで利用可能な画像データ以外は、勝手にダウンロードして使用することはできません。また、フリーで利用可能な画像データも使用条件が付いている場合があります。その使用条件をよく読んで、使用条件を十分に理解したうえで利用することを薦めます。また、フリーで利用できる Web サイトが良識のあるサイトかどうかも確認しておく必要があります。なお、フリーサイトからのダウンロードで、ダウンロードしたファイルからウイルス感染するとい

う場合もときにはありますので、注意する必要があります。人気のアニメなどを自分でまねて描いて Web 上に掲載するのも著作権を侵害します。人気アニメに似たものを描く人もいますが、大変紛らわしいのでそのようなアニメも描かないようにしましょう。

〈img src="太白山.jpg"〉

　画像データには、標準的に利用されているものに、GIF 形式と JPEG 形式があります。多くのブラウザでは PNG 形式も使うことができます。GIF（Graphic Interchange Format）形式は 256 色カラーの静止画圧縮・伸張形式で、データ量が比較的小さく、WWW 上での画像処理に使われます。JPEG（Joint Photographic Experts Group）形式は非常に高い圧縮率をもつ静止画像圧縮・伸張形式で、圧縮量を加減することによってデータ量を調節することができます。PNG（Portable Network Graphics）形式は GIF を拡張した静止画圧縮・伸張形式で、GIFの 256 色という制限がなくなり、フルカラーの画像も劣化せずに扱うことができます。

5．Report.html ファイルの作成

　このファイルは講義でのレポートを掲載するページです。情報リテラシーで学んだ"インターネット利用モラル"、"著作権"、"個人情報保護"について、要点を 1 ページ程度にまとめてみました。レポートの作成方法として Word で作成したあと、拡張子を「.html」にすることにより、簡単に Web ページが作成できます。この場合、メニューの「表示」→「ソース」で見た場合には、自動的に xml 文となってしまい、修正する箇所がどこかを探すのが大変困難となります。そのため、レポートも初めから html 文で書いた方が、あとで追加修正を簡単に行うことができます。

```
〈html〉
〈head〉
〈title〉レポート〈/title〉
〈/head〉
〈body bgcolor="#00ff00" text="#000010"〉
〈center〉
〈font size="7"〉レポート〈/font〉
〈hr width="500" color="magenta"〉
〈/center〉
〈br〉〈br〉
〈blockquote〉
〈font face="HGP 創英角ポップ体" size="6" color="magenta"〉情報リテラシー〈/font〉
〈font size="4"〉
〈ul〉
```

138　第8章　Webページの作成と情報倫理

```
<a href="Info_morality.html"><li>インターネット利用時のモラル</a><br>
<a href="Copyright.html"><li>著作権</a><br>
<a href="Privacy.html"><li>個人情報保護法</a>
</ul>
</blockquote>
<br>
<br>
<br>
<br>
<br>
<br>
<br>
<center>
<a href="Index.html">トップへ戻る</a>
</center>
</body>
</html>
```

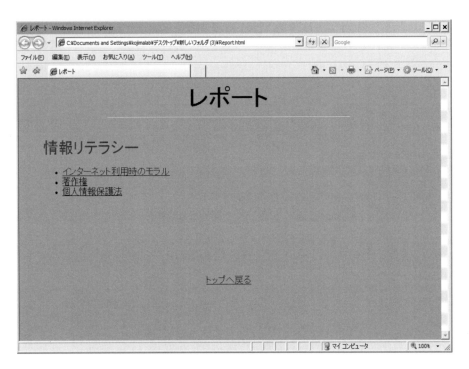

図8−9　Report.htmlのWebページ

これをメモ帳に書き、ファイル名を Report.html で保存すると、図 8-9 に示す Web ページ が作成できます。

ここでは、〈blockquote〉・・・〈/blockquote〉について説明します。このタグは、もともと 引用文を紹介するときに用います。すなわち、前後に 1 行あけて、字下げを行います。

6．スタイルシート

HTML で記述された文書に、ページのレイアウトや書式を定義するための言語が**スタイル シート**で、一般的に **CSS**（Cascading Style Sheets）のことを指します。CSS により HTML 言 語では表現できないような細かいデザインが可能となります。スタイルシートの記述方法に は次の 3 つがあります。

1）タグに直接設定する

タグにスタイル属性を記述して、特定の部分にスタイルを設定します。図 8-3 の Web ペー ジのタグの特定の部分にスタイルシートを設定した例を次に示します。

```
<!DOCTYPE HTML PUBLIC "-//W3C//DTD HTML 4.01 Transitional//EN" "http://www.w3.
org/TR/html4/loose.dtd">
<html>
<head>
<meta http-equiv="Content-Style-Type" content="text/css">
<title>山田太郎のホームページへようこそ(タグで指定)</title>
</head>
<body bgcolor="yellow">
<center>
<hr>
<h1 style="color: green;">山田太郎のホームページへようこそ</h1>
<hr>
<h3 style="color:skygreen;">ようこそ、太郎のページへ<BR>
 Welcome to Taro's Home Page</h3>
</center>
</body>
</html>
```

ここで、〈!DOCTYPE HTML PUBLIC "-//W3C//DTD HTML 4.01 Transitional//EN" "http://www. w3.org/TR/html4/loose.dtd"〉の部分で、スタイルシート言語を利用できるようにしています。

タグに直接スタイルシートを設定しているところは次の 2 箇所となります。

```
<h1 style="color:green;">山田太郎のホームページへようこそ</h1>
<h3 style="color:skygreen;">ようこそ、太郎のページへ<BR>
 Welcome to Taro's Home Page</h3>
```

「山田太郎のホームページへようこそ」の部分を緑色に変えています。その結果は、図8-10 に示します。

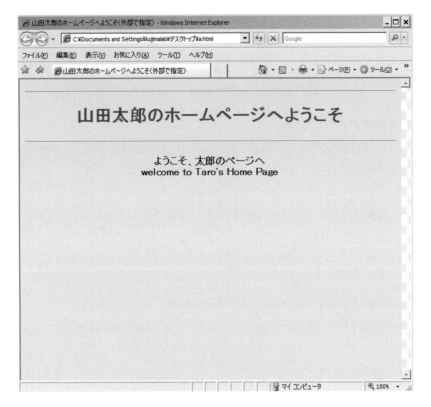

図8－10　CSSによるWebページ

2）ファイルの先頭で定義する

　ファイルの先頭部分の<head>・・・</head>で囲まれた部分で定義します。図8-10と同じ画面が表示されますが、スタイルシートの設定場所が異なっています。

```
<!DOCTYPE HTML PUBLIC "-//W3C//DTD HTML 4.01 Transitional//EN" "http://www.w3.org/TR/html4/loose.dtd">
<html>
<head>
<meta http-equiv="Content-Style-Type" content="text/css">
<title>山田太郎のホームページへようこそ</title>
```

```
<style>
body {bgcolor:yellow;}
h1 {color:green;}
h3 {color:skygreen;}
</style>
</head>

<center>
<hr>
<h1>山田太郎のホームページへようこそ</h1>
<hr>
<h3>ようこそ、太郎のページへ<BR>
 Welcome to Taro's Home Page</h3>
</center>
</body>
</html>
```

すなわち、

```
<style>
body {bgcolor:yellow;}
h1 {color:green;}
h3 {color:skygreen;}
</style>
```

この部分となります。ファイルの先頭部分でスタイルシートを設定していますので、前のファイルよりわかりやすくなっています。

3）外部ファイルで定義する

　もっとも汎用性が高いのは、外部ファイルとしてスタイルを定義する方法です。この設定ですと、同じスタイルのファイルは、スタイルシートを定義しているファイルを読み込むことにより可能となります。複数のページのスタイルを設定することが可能となりますので、多くのファイルをリンクさせて Web ページを作成する場合、大変便利になります。

　図8-10と同じWebページを作成するために、スタイルシートの部分を別ファイルのmystyle. css を作成する必要があります。

142 第8章 Webページの作成と情報倫理

本文のあるhtmlファイル名をS.htmlとし、ソースファイルを次に示します。

```
<!DOCTYPE HTML PUBLIC "-//W3C//DTD HTML 4.01 Transitional//EN" "http://www.w3.
org/TR/html4/loose.dtd">
<html>
<head>
<title>山田太郎のホームページへようこそ(外部で指定) </title>
<link rel="stylesheet" href="mystyle.css" type="text/css">
</head>
<body>
<center>
<hr>
<h1>山田太郎のホームページへようこそ</h1>
<hr>
<h3>ようこそ、太郎のページへ<BR>
 Welcome to Taro's Home Page</h3>
</center>
</body>
</html>
```

ここで、<link rel="stylesheet" href="mystyle.css" type="text/css">の部分で、スタイルシートを定めているmystyle.cssファイルをリンクしています。

スタイルシートを記述しているファイルmystyle.cssのソースファイルの内容は次のようになります。

```
body {background-color:yellow;}
h1 {color:green;}
h3 {color:blue;}
```

CSSファイルは、style文などは記入しないで、直接、スタイルシートを記入するだけで作成できます。

143

演習問題

1．Web ページ作成で例にあげた 5 つのファイル（Index.html、Info.html、Profile.html、Diary.html、Report.html）をもとに、各自のオリジナルな Web ページを情報倫理（モラル）を意識しながら作成しなさい。

2．Web ページは、大きく分けて技術的なことと、情報倫理（モラル）遵守の両方から評価する必要があります。主な技術的なことと情報倫理（モラル）遵守について、それぞれの評価を記入する表を、それぞれ表 8-2、8-3 に示します。評価は 5 段階で「1．不可　2．やや不可　3．普通　4．やや優　5．優」とします。

表8-2　技術的なことのチェック

項　　目	評　価
Web ページ全体が見やすいレイアウトになっているか	
背景と文字の大きさ、色などが適切であるか	
リンクの仕方が適切であるか	
画像・表などのサイズが適切であるか	
技術的配慮、工夫がされているか	

表8-3　情報倫理(モラル)の遵守についてのチェック

項　　目	評　価
著作権を遵守しているか	
個人情報の保護について配慮されているか	
他人を誹謗中傷したりしている文章はないか	
インターネット利用マナーを遵守しているか	
他人を不愉快にさせる文章や不適切な文章表現はないか	

3．次の 3 つのファイル、インターネット利用に関する情報倫理、著作権に関すること、個人情報保護に関することについて、それぞれもっとも重要であると思われることを 5 つ程度あげて説明しなさい。

145

付録1

■ 双３次ベジェ曲面

双３次ベジェ曲面はベジェ曲線の３次元版といえ、次の式で与えられます。

$$P(u, v) = \sum {}_3C_i \, {}_3C_j \, u^i (1-u)^{3-i} v^j (1-v)^{3-j} P_{ij}$$

ここで、添え字 i, j は０から３までの４つの整数をとり、P_{ij} は３次元の座標、u, v は０から１までの実数値をとるパラメタです。また、${}_3C_i$ は「コンビネーション３の i」と読み、３つのものから i 個のものを取り出すときの場合の数を表しています。

式を見るとたいへん複雑に見えるかもしれませんが、ここでは双３次ベジェ曲面上の座標 $P(u,v)$ が、16 個の３次元座標 P_{ij} の和で表されているということに気づいてください。また、16 個の座標の係数は２つのパラメタ u と v の関数 ${}_3C_i \, {}_3C_j \, u^i (1-u)^{3-i} v^j (1-v)^{3-j} P_{ij}$ になっているので、座標 $P(u, v)$ は u と v の変化にともない変化します。たとえば、$u = 0, v = 0$ を $P(u,v)$ に代入すると、P_{00} 以外の座標の係数はゼロなので $P(u = 0, v = 0) = P_{00}$ となります。同様に、$P(u = 0, v = 1) = P_{03}$, $P(u = 1, v = 0) = P_{30}$, $P(u = 1, v = 1) = P_{33}$ になることもわかります。つまり、これら４つの座標 P_{00}, P_{03}, P_{30}, P_{33} は曲面の四隅の点を表しています（図 3-8 参照）。残りの 12 個の座標はこの曲面内の点ではありません。たとえば、v の値を $v = 0$ と固定して u を０から１に変化させたときの、点 P_{00} から点 P_{30} への軌跡は、$P_{00}, P_{10}, P_{20}, P_{30}$ を用いた３次ベジェ曲線になっていることが、$P(u, v)$ に $v = 0$ を代入するとわかります。同様にして、双３次ベジェ曲面の縁の４辺は、それぞれ $v = 0$ の場合、$v = 1$ の場合、$u = 0$ の場合、$u = 1$ の場合にできる３次ベジェ曲線になっています。このように座標（P_{ij}）の位置が曲面の形を決めているのです。

一般に v の値を固定して、u を０から１まで動かすと、$u = 0$ の場合の縁曲線上のある点から $u = 1$ の場合の縁曲線上のある点を結ぶ３次元空間内の曲線が描かれます。任意の v に対し、これらの曲線が多数できるので、これらの曲線群からなる曲面ができます。要は、片方の変数（たとえば v）を止めてもう片方の変数（たとえば u）を動かすと曲線が描けるので、双３次ベジェ曲面は、無数の曲線群によって曲面を表しているということになります。

■ POV-Ray のダウンロードと使い方について

POV-Ray は、公式サイト http://www.povray.org/ からダウンロードすることができます。これは英語のサイトです。ここでメニューの download をクリックし、次に Windows か Mac かに応じて適切なボタンでダウンロードしてください。ダウンロードしたファイル（目のようなアイコン）をダブルクリックし、指示に従うとインストールできます。わからない人は、POV-Ray の初心者向け講座がまとめられたすばらしいサイト、

http://nishimulabo.edhs.ynu.ac.jp/~povray/beginner/index.html

に詳しいダウンロード方法や POV-Ray の使い方などがまとめられていますので、参考にするとよいでしょう。ここでは、本文に関係する使い方のみをまとめておきます。

POV-Ray の使い方で基本になるのは、new, save, run のアイコンです。

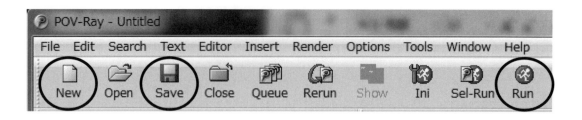

使い方の手順は、
① 「New」をクリックすると、新規ファイルが出てくるので、そこに命令文を記入する。たとえば図 3-10 のような内容を記入するということです。
② 「Save」でファイルを保存します（以前に保存したファイルを修正するときは、「open」で以前保存したファイルを開いて修正できます）。
③ 「Run」をクリックするとレンダリングが実行されます。失敗した場合は、入力ミスがあるはずなので探して修正し、もう一度保存しなおしてください。レンダリング結果は、②で使用した保存場所と同じフォルダに、BMP 画像として保存されます。

練習したい読者のために、本文中の図 3-10 と、図 3-13 から図 3-16 の作成について触れておきます。本文を読みながら実行すると理解が深まるでしょう。まずは New ボタンをクリックして立ち上げた新規ファイルに図 3-10 の命令文を入力し、保存（save）し実行（run）すると図 3-10 のレンダリング結果を得ます。説明上そのファイル名を file1 とします（以下ファイル名は任意に考えてよいです）。

図 3-13(a)を得るためには、file1 に次の文を加え、file2 として別名保存してください。
object{ Cone_Y　pigment{color rgb<1,0,0>}　scale 1　translate <3, 0, 0> }
object{ Cube　pigment{color rgb<1,0,0>}　scale 1　translate <-3, 0, 0> }
Run ボタンをクリックして図 3-13(a)を得ます。図 3-13(b)(c)(d)は、図 3-13 のキャプション中に説明されている修正事項を加え、それぞれ file3、file4、file5 として保存し、run ボタンをクリックするとレンダリングできます。

図 3-14 は file1 の中で、object{Sphere　translate <0, 0, 0>　pigment{color rgb<1,1,1>}　scale 1}を消去し、かわりに次の記述を入れ、file6 として保存し、実行（Run ボタンをクリック）してください。

union{ object{Sphere　pigment{color rgb<1,1,1>}　scale 1　translate <0, 0, 0>}
object{ Sphere　pigment{color rgb<1,0,0>} scale 1　translate <0, 1.5, 0>} }

difference{ object{ Sphere pigment{color rgb<1,1,1>}　scale 1 translate <3, 0, 0>}

object{ Sphere　pigment{color rgb<1,0,0>} scale 1 translate <3, 1.5, 0>} }

intersection{ object{ Sphere　pigment{color rgb<1,1,1>} scale 1 translate <-3, 0, 0> }

object{ Sphere　pigment{color rgb<1,0,0>} scale 1 translate <-3, 1.5, 0> } }

図 3-15 については、図 3-14 と同じように書き直します。ただし、元ファイルは file4 がよいでしょう。本文を参考にしながら書き直して file7 として保存・実行してみてください。さらに、地面の記述を次のように書き直すと、地面がチェック模様に描けます。

object{Plane_XZ　pigment{checker color White, color Red} translate <0, -2, 0>}

図 3-16 も、同様にして file7 の球体（Sphere）の記述を次のように書き直すとよいでしょう（file8 として保存）。ただし中央の球体の描写は省略しています。

object{ Sphere translate <-3, 0, 0>　pigment{agate}　scale 1}

object{ Sphere translate <3, 0, 0> pigment{color White}　normal{agate 1.5}　scale 1}

ここで、agate は石のような模様を貼り付けるときに使われます。normal{agate 1.5}を使うと石模様に合わせた凸凹が入ります。1.5 以外の数値を使うと凸凹の程度が変わるので試すとよいでしょう。

148　付　録

付録2

■ 著作権法抜粋

昭和45年（1970年）に制定された法律で、第一章から第八章で構成されています。

第一章 総則　　　　　　　　（第一条～第九条の二）
第二章 著作者の権利　　　　（第十条～第七十八条の二）
第三章 出版権　　　　　　　（第七十九条～第八十八条）
第四章 著作隣接権　　　　　（第八十九条～第百四条）
第五章 私的録音録画補償金　（第百四条の二～第百四条の十）
第六章 紛争処理　　　　　　（第百五条～第百十一条）
第七章 権利侵害　　　　　　（第百十二条～第百十八条）
第八章 罰則　　　　　　　　（第百十九条～第百二十四条）

目的は第一条で述べています。

　　第一条　この法律は、著作物並びに実演、レコード、放送及び有線放送に関し著作者の権利及びこれに隣接する権利を定め、これらの文化的所産の公正な利用に留意しつつ、著作者等の権利の保護を図り、もつて文化の発展に寄与することを目的とする。

法律で使われている言葉の定義を第二条で述べています。

　　第二条　この法律において、次の各号に掲げる用語の定義は、当該各号に定めるところによる。
　　　一．著作物
　　　　思想又は感情を創作的に表現したものであつて、文芸、学術、美術又は音楽の範囲に属するものをいう。
　　　二．著作者
　　　　著作物を創作する者をいう。

　以下、実演、実演家、レコードなど23項目で言葉の定義がされています。22項目で、国内とは「この法律の施行地をいう。」と定義されています。保護される著作物は第十条に示されているようにさまざまなものがあります。

　　第十条　この法律にいう著作物を例示すると、おおむね次のとおりである。
　　　一．小説、脚本、論文、講演その他の言語の著作物
　　　二．音楽の著作物

三．　舞踊又は無言劇の著作物

　四．　絵画、版画、彫刻その他の美術の著作物

　五．　建築の著作物

　六．　地図又は学術的な性質を有する図面、図表、模型その他の図形の著作物

　七．　映画の著作物

　八．　写真の著作物

　九．　プログラムの著作物

　著作者の人格を尊重するための人格的権利は、第十八条の「公表権」、第十九条の「氏名表示権」、第二十条の「同一性保持権」が定められています。

　　（公表権）

　第十八条　著作者は、その著作物でまだ公表されていないもの（その同意を得ないで公表された著作物を含む。以下この条において同じ。）を公衆に提供し、又は提示する権利を有する。当該著作物を原著作物とする二次的著作物についても、同様とする。（以下省略）

　　（氏名表示権）

　第十九条　著作者は、その著作物の原作品に、又はその著作物の公衆への提供若しくは提示に際し、その実名若しくは変名を著作者名として表示し、又は著作者名を表示しないこととする権利を有する。その著作物を原著作物とする二次的著作物の公衆への提供又は提示に際しての原著作物の著作者名の表示についても、同様とする。（以下省略）

　　（同一性保持権）

　第二十条　著作者は、その著作物及びその題号の同一性を保持する権利を有し、その意に反してこれらの変更、切除その他の改変を受けないものとする。（以下省略）

　著作権（著作者の財産権）について、第二十一条から二十八条までを次に示します。

　　（複製権）

　第二十一条　著作者は、その著作物を複製する権利を専有する。

　　（上演権及び演奏権）

　第二十二条　著作者は、その著作物を、公衆に直接見せ又は聞かせることを目的として（以下「公に」という。）上演し、又は演奏する権利を専有する。

　　（上映権）

　第二十二条の二　著作者は、その著作物を公に上映する権利を専有する。

　　（公衆送信権　含む公衆送信可能化権）

　第二十三条　著作者は、その著作物について、公衆送信（自動公衆送信の場合にあっては、送信可能化を含む。）を行う権利を専有する。（以下省略）

（口述権）

第二十四条　著作者は、その言語の著作物を公に口述する権利を専有する。

（展示権）

第二十五条　著作者は、その美術の著作物又はまだ発行されていない写真の著作物をこれらの原作品により公に展示する権利を専有する。

（頒布権）

第二十六条　著作者は、その映画の著作物をその複製物により頒布する権利を専有する。（以下省略）

（譲渡権）

第二十六条の二　著作者は、その著作物（映画の著作物を除く。以下この条において同じ。）をその原作品又は複製物（映画の著作物において複製されている著作物にあつては、当該映画の著作物の複製物を除く。以下この条において同じ。）の譲渡により公衆に提供する権利を専有する。

（貸与権）

第二十六条の三　著作者は、その著作物（映画の著作物を除く。）をその複製物（映画の著作物において複製されている著作物にあつては、当該映画の著作物の複製物を除く。）の貸与により公衆に提供する権利を専有する。

（翻訳権、翻案権等）

第二十七条　著作者は、その著作物を翻訳し、編曲し、若しくは変形し、又は脚色し、映画化し、その他翻案する権利を専有する。

（二次的著作物の利用に関する原著作者の権利）

第二十八条　二次的著作物の原著作物の著作者は、当該二次的著作物の利用に関し、この款に規定する権利で当該二次的著作物の著作者が有するものと同一の種類の権利を専有する。

著作者の権利を損なわない範囲で次のように「著作権の制限」を設定しています。

（私的使用のための複製）

第三十条　著作権の目的となつている著作物（以下この款において単に「著作物」という。）は、個人的に又は家庭内その他これに準ずる限られた範囲内において使用すること（以下「私的使用」という。）を目的とするときは、次に掲げる場合を除き、その使用する者が複製することができる。

一　公衆の使用に供することを目的として設置されている自動複製機器（複製の機能を有し、これに関する装置の全部又は主要な部分が自動化されている機器をいう。）を用いて複製する場合

二　技術的保護手段の回避（第二条第一項第二十号に規定する信号の除去又は改変（記

録又は送信の方式の変換に伴う技術的な制約による除去又は改変を除く。）を行うこと又は同号に規定する特定の変換を必要とするよう変換された著作物、実演、レコード若しくは放送若しくは有線放送に係る音若しくは影像の復元（著作権等を有する者の意思に基づいて行われるものを除く。）を行うことにより、当該技術的保護手段によつて防止される行為を可能とし、又は当該技術的保護手段によつて抑止される行為の結果に障害を生じないようにすることをいう。第百二十条の二第一号及び第二号において同じ。）により可能となり、又はその結果に障害が生じないようになつた複製を、その事実を知りながら行う場合

三　著作権を侵害する自動公衆送信（国外で行われる自動公衆送信であつて、国内で行われたとしたならば著作権の侵害となるべきものを含む。）を受信して行うデジタル方式の録音又は録画を、その事実を知りながら行う場合

2　私的使用を目的として、デジタル方式の録音又は録画の機能を有する機器（放送の業務のための特別の性能その他の私的使用に通常供されない特別の性能を有するもの及び録音機能付きの電話機その他の本来の機能に附属する機能として録音又は録画の機能を有するものを除く。）であつて政令で定めるものにより、当該機器によるデジタル方式の録音又は録画の用に供される記録媒体であつて政令で定めるものに録音又は録画を行う者は、相当な額の補償金を著作権者に支払わなければならない。

（昭五九法四六・一部改正、平四法一〇六・1項一部改正2項追加、平十一法七七・1項柱書一部改正一号二号追加、平二一法五三・1項三号追加、平二四法四三・1項二号一部改正）

　（図書館等における複製）
第三十一条　図書、記録その他の資料を公衆の利用に供することを目的とする図書館その他の施設で政令で定めるもの（以下この条において「図書館等」という。）においては、次に掲げる場合には、その営利を目的としない事業として、図書館等の図書、記録その他の資料（以下この条において「図書館資料」という。）を用いて著作物を複製することができる。（以下省略）
　（引用）
第三十二条　公表された著作物は、引用して利用することができる。この場合において、その引用は、公正な慣行に合致するものであり、かつ、報道、批評、研究その他の引用の目的上正当な範囲内で行なわれるものでなければならない。（以下省略）
　（教科用図書等への掲載）
第三十三条　公表された著作物は、学校教育の目的上必要と認められる限度において、教科用図書（小学校、中学校、高等学校又は中等教育学校その他これらに準ずる学校における教育の用に供される児童用又は生徒用の図書であつて、文部科学大臣の検定を経たもの又は文部科学省が著作の名義を有するものをいう。次条において同じ。）に掲載

152　付　録

することができる。（以下省略）

　（教科用拡大図書等の作成のための複製等）

第三十三条の二　教科用図書に掲載された著作物は、視覚障害、発達障害その他の障害により教科用図書に掲載された著作物を使用することが困難な児童又は生徒の学習の用に供するため、当該教科用図書に用いられている文字、図形等の拡大その他の当該児童又は生徒が当該著作物を使用するために必要な方式により複製することができる。（以下省略）

　（学校教育番組の放送等）

第三十四条　公表された著作物は、学校教育の目的上必要と認められる限度において、学校教育に関する法令の定める教育課程の基準に準拠した学校向けの放送番組又は有線放送番組において放送し、若しくは有線放送し、又は当該放送を受信して同時に専ら当該放送に係る放送対象地域（放送法（昭和二十五年法律第百三十二号）第二条の二第二項第二号に規定する放送対象地域をいい、これが定められていない放送にあつては、電波法（昭和二十五年法律第百三十一号）第十四条第三項第三号に規定する放送区域をいう。以下同じ。）において受信されることを目的として自動公衆送信（送信可能化のうち、公衆の用に供されている電気通信回線に接続している自動公衆送信装置に情報を入力することによるものを含む。）を行い、及び当該放送番組用又は有線放送番組用の教材に掲載することができる。（以下省略）

　（学校その他の教育機関における複製等）

第三十五条　学校その他の教育機関（営利を目的として設置されているものを除く。）において教育を担任する者及び授業を受ける者は、その授業の過程における使用に供することを目的とする場合には、必要と認められる限度において、公表された著作物を複製することができる。ただし、当該著作物の種類及び用途並びにその複製の部数及び態様に照らし著作権者の利益を不当に害することとなる場合は、この限りでない。（以下省略）

　（試験問題としての複製等）

第三十六条　公表された著作物については、入学試験その他人の学識技能に関する試験又は検定の目的上必要と認められる限度において、当該試験又は検定の問題として複製し、又は公衆送信（放送又は有線放送を除き、自動公衆送信の場合にあつては送信可能化を含む。次項において同じ。）を行うことができる。ただし、当該著作物の種類及び用途並びに当該公衆送信の態様に照らし著作権者の利益を不当に害することとなる場合は、この限りでない。（以下省略）

　（点字による複製等）

第三十七条　公表された著作物は、点字により複製することができる。（以下省略）

　（営利を目的としない上演等）

第三十八条　公表された著作物は、営利を目的とせず、かつ、聴衆又は観衆から料金（いずれの名義をもつてするかを問わず、著作物の提供又は提示につき受ける対価をいう。

以下この条において同じ。）を受けない場合には、公に上演し、演奏し、上映し、又は口述することができる。ただし、当該上演、演奏、上映又は口述について実演家又は口述を行う者に対し報酬が支払われる場合は、この限りでない。（以下省略）

　（時事問題に関する論説の転載等）

第三十九条　新聞紙又は雑誌に掲載して発行された政治上、経済上又は社会上の時事問題に関する論説（学術的な性質を有するものを除く。）は、他の新聞紙若しくは雑誌に転載し、又は放送し、若しくは有線放送し、若しくは当該放送を受信して同時に専ら当該放送に係る放送対象地域において受信されることを目的として自動公衆送信（送信可能化のうち、公衆の用に供されている電気通信回線に接続している自動公衆送信装置に情報を入力することによるものを含む。）を行うことができる。ただし、これらの利用を禁止する旨の表示がある場合は、この限りでない。（以下省略）

　（政治上の演説等の利用）

第四十条　公開して行われた政治上の演説又は陳述及び裁判手続（行政庁の行う審判その他裁判に準ずる手続を含む。第四十二条第一項において同じ。）における公開の陳述は、同一の著作者のものを編集して利用する場合を除き、いずれの方法によるかを問わず、利用することができる。（以下省略）

　（時事の事件の報道のための利用）

第四十一条　写真、映画、放送その他の方法によつて時事の事件を報道する場合には、当該事件を構成し、又は当該事件の過程において見られ、若しくは聞かれる著作物は、報道の目的上正当な範囲内において、複製し、及び当該事件の報道に伴つて利用することができる。

　（裁判手続等における複製）

第四十二条　著作物は、裁判手続のために必要と認められる場合及び立法又は行政の目的のために内部資料として必要と認められる場合には、その必要と認められる限度において、複製することができる。ただし、当該著作物の種類及び用途並びにその複製の部数及び態様に照らし著作権者の利益を不当に害することとなる場合は、この限りでない。（以下省略）

　（行政機関情報公開法等による開示のための利用）

第四十二条の二　行政機関の長、独立行政法人等又は地方公共団体の機関若しくは地方独立行政法人は、行政機関情報公開法、独立行政法人等情報公開法又は情報公開条例の規定により著作物を公衆に提供し、又は提示することを目的とする場合には、それぞれ行政機関情報公開法第十四条第一項（同項の規定に基づく政令の規定を含む。）に規定する方法、独立行政法人等情報公開法第十五条第一項に規定する方法（同項の規定に基づき当該独立行政法人等が定める方法（行政機関情報公開法第十四条第一項の規定に基づく政令で定める方法以外のものを除く。）を含む。）又は情報公開条例で定める方法（行政機関情報公開法第十四条第一項（同項の規定に基づく政令の規定を含む。）に規定する

方法以外のものを除く。）により開示するために必要と認められる限度において、当該著作物を利用することができる。（以下省略）

（翻訳、翻案等による利用）

第四十三条　次の各号に掲げる規定により著作物を利用することができる場合には、当該各号に掲げる方法により、当請著作物を当該各号に掲げる規定に従つて利用することができる。（以下省略）

（放送事業者等による一時的固定）

第四十四条　放送事業者は、第二十三条第一項に規定する権利を害することなく放送することができる著作物を、自己の放送のために、自己の手段又は当該著作物を同じく放送することができる他の放送事業者の手段により、一時的に録音し、又は録画することができる。（以下省略）

（美術の著作物等の原作品の所有者による展示）

第四十五条　美術の著作物若しくは写真の著作物の原作品の所有者又はその同意を得た者は、これらの著作物をその原作品により公に展示することができる。（以下省略）

（公開の美術の著作物等の利用）

第四十六条　美術の著作物でその原作品が前条第二項に規定する屋外の場所に恒常的に設置されているもの又は建築の著作物は、次に掲げる場合を除き、いずれの方法によるかを問わず、利用することができる。

（美術の著作物等の展示に伴う複製）

第四十七条　美術の著作物又は写真の著作物の原作品により、第二十五条に規定する権利を害することなく、これらの著作物を公に展示する者は、観覧者のためにこれらの著作物の解説又は紹介をすることを目的とする小冊子にこれらの著作物を掲載することができる。

（プログラムの著作物の複製物の所有者による複製等）

第四十七条の二　プログラムの著作物の複製物の所有者は、自ら当該著作物を電子計算機において利用するために必要と認められる限度において、当該著作物の複製又は翻案（これにより創作した二次的著作物の複製を含む。）をすることができる。ただし、当該利用に係る複製物の使用につき、第百十三条第二項の規定が適用される場合は、この限りでない。（以下省略）

（保守、修理等のための一時的複製）

第四十七条の三　記録媒体内蔵複製機器（複製の機能を有する機器であつて、その複製を機器に内蔵する記録媒体（以下この条において「内蔵記録媒体」という。）に記録して行うものをいう。次項において同じ。）の保守又は修理を行う場合には、その内蔵記録媒体に記録されている著作物は、必要と認められる限度において、当該内蔵記録媒体以外の記録媒体に一時的に記録し、及び当該保守又は修理の後に、当該内蔵記録媒体に記録

することができる。（以下省略）

著作物の保護期間は次のように定めています。

　（保護期間の原則）
第五十一条　著作権の存続期間は、著作物の創作の時に始まる。
　　二　著作権は、この節に別段の定めがある場合を除き、著作者の死後（共同著作物に
　　　あつては、最終に死亡した著作者の死後。次条第一項において同じ。）五十年を経過
　　　するまでの間、存続する。

著作権に反した者には罰則規定を定めています。

　（罰則）
第百十九条　著作権、出版権又は著作隣接権を侵害した者（第三十条第一項（第百二条
　　第一項において準用する場合を含む。）に定める私的使用の目的をもつて自ら著作物若し
　　くは実演等の複製を行つた者、第百十三条第三項の規定により著作権若しくは著作隣接
　　権（同条第四項の規定により著作隣接権とみなされる権利を含む。第百二十条の二第三
　　号において同じ。）を侵害する行為とみなされる行為を行つた者、第百十三条第五項の規
　　定により著作権若しくは著作隣接権を侵害する行為とみなされる行為を行つた者又は次
　　項第三号若しくは第四号に掲げる者を除く。）は、十年以下の懲役若しくは一千万円以下
　　の罰金に処し、又はこれを併科する。（以下省略）

参考文献

第1章

1）吉田典之：トロンが拓くユビキタスの世界、電波新聞社、2004.

2）可児鈴一郎、羽倉弘之：ユビキタス時代のコミュニケーション術、清流出版、2005.

3）http://www.soumu.go.jp/menu_seisaku/ict/u-japan/j_r-menu_u.html（2017 年 11 月 3 日参照）

4）西尾出監修：教養のためのコンピュータ概論、東海大学出版会、1984.

5）石原、魚田、大曽根、斉藤、出口、綿貫：コンピュータ概論─情報システム入門　第4版、共立出版、2006.

6）立花隆ほか：新世紀デジタル講義、新潮社、2000.

7）http://www.kantei.go.jp/jp/it/network/dai1/1siryou05_2.html（2017 年 11 月 3 日参照）

8）西村あさひ法律事務所　福岡真之介編著：IoT・AI の法律と戦略、商事法務、2017.

第2章

1）矢沢久雄：情報はなぜビットなのか 知っておきたいコンピュータと情報処理の基礎知識、日経 BP 社、2006.

2）水島賢太郎：情報の表現と伝達、共立出版、2000.

3）小松原実：コンピュータと情報の科学　第3版、ムイスリ出版、2005.

第3章

1）ビジュアル情報処理 ─CG・画像処理入門─、CG-ARTS 協会、2006.

2）POV-Ray による3次元 CG 制作　─モデリングからアニメーションまで─、CG-ARTS 協会、2008.

3）横枕 雄一郎：CG がわかる本、オーム社、2002.

4）デジタル画像処理、CG-ARTS 協会、2006.

5）画像情報教育振興協会：デジタル映像表現、CG-ARTS 協会、2006.

6）斎藤剛、田代裕子：3DCG をはじめよう POV-Ray 入門、オーム社、2009.

7）永田豊志、CGWORLD：CG&映像しくみ事典─完全カラー図解映像クリエイターのためのグラフィックバイブル（CG WORLD SPECIAL BOOK）、ワークスコーポレーション、2009.

8）塩川厚：コンピュータグラフィックスの基礎知識、オーム社、2000.

9）フォーカスデザイン編：フリーソフト&1 万円以下のソフトではじめる 3DCG!、ソシム、2001.

第4章

1）三角育生、菅野泰子編集：情報セキュリティ読本改訂版、IT 時代の危機管理入門、実教出版、2006.

2）千野直邦、尾中並子：著作権法の解説、一橋出版、2003.

3）谷口功：図解ネットワークセキュリティ、オーム社、2005.

4）http://www.kokusen.go.jp/map/ （2017 年 11 月 3 日参照）

5）http://www.soumu.go.jp/johotsusintokei/whitepaper/ja/h11/html/B1Z20000.htm （2017 年 11 月 3 日参照）

第5章

1）梅本吉彦編著：情報社会と情報倫理、丸善、2004.

2）三和嘉秀：ネットワークリテラシー、共立出版、2003.

3）伊藤敏幸：ネットワークセキュリティがわかる本、オーム社、2002.

4）青山紘一：知的財産法基本判例ガイド、朝倉書店、2005.

5）http://www.kantei.go.jp/jp/it/privacy/houseika/hourituan/ （2017 年 11 月 3 日参照）

6）http://www.cgh.ed.jp/netiquette/index-j.html （2017 年 11 月 3 日参照）

第6章

1）杉本隆洋、駒瀬彰彦：個人情報保護の運用と対策、オーム社、2005.

2）打川和男：情報セキュリティポリシーの実践的構築手法、オーム社、2003.

3）http://privacymark.jp/ （2017 年 11 月 9 日参照）

4）http://www.kantei.go.jp/jp/it/privacy/houseika/hourituan/ （2017 年 11 月 9 日参照）

5）https://www.ipa.go.jp/security/keihatsu/sme/guideline/5minutes.html （2017 年 12 月 16 日参照）

第7章

1）細井真人：インターネット情報処理、オーム社、2000.

2）村山、佐藤：社会情報リテラシー、オーム社、1999.

3）湯瀬・渡部編著：大学必須情報リテラシー、共立出版、2009.

4）有賀妙子、吉田智子：新インターネット講座、北大路書房、2005.

5）http://www.soumu.go.jp/main_sosiki/joho_tsusin/security/ （2017 年 11 月 3 日参照）

第8章

1）菊地登志子、根市一志、半田正樹：情報リテラシーの扉をひらく！、共立出版、2005.

2）河西朝雄、河西雄一：ホームページの制作、技術評論社

3）http://www.soumu.go.jp/main_sosiki/joho_tsusin/security/ （2017 年 11 月 3 日参照）

全体に参照

1）伊東俊彦：情報科学入門　第2版、ムイスリ出版、2011.

2）岡本敏雄、小舘香推子監修：情報科学教育法、丸善、2002.

3）岡本敏雄、小舘香推子監修：情報社会と情報倫理、丸善、2002.

4）岡本敏雄編著：インターネット時代の教育情報工学1、森北出版、2000.

5）水島賢太郎：情報の表現と伝達、共立出版、2000.

6）久野靖：コンピュータネットワークと情報、共立出版、2000.

7）辰巳丈夫：情報化社会と情報倫理、共立出版、2000.

8）堀部政男：インターネット社会と法　第2版、新世社、2006.

演習問題解答例

第1章　省略

アンケート　すべて　2）そうは思わない。

第2章

1．省略

2．省略

3．省略

4．2ビット

5．(2) 右折専用レーンに入る手前でウインカーを出す場合

（解説）

右折専用レーンに入ってからウインカーを出す場合は、すでに右折すると周囲のドライバーもわかっている状態です。そこでさらにウインカーを出したところで、ウインカーを出す前と比べても曖昧さ（あるいは右折する確からしさ）は変わりません。一方、右折専用レーンに入る前の時点では、その車はそのまま直進するのか、右折するのかは周囲のドライバーにとっては曖昧です。その状況でウインカーを出すと、曖昧さは解消されます。ウインカーを出す前の曖昧さと比べると、曖昧さの減少度合いは前者よりも大きいといえます。

6．

(1) $1200 \times 1600 = 1,920,000$ ピクセル

(2) $1,920,000 \times 24 = 46,080,000$ ビット

(3) $46,080,000 \div 8 = 5,760,000$ バイト　→　5.67MB（メガバイト）

(4) $2^{24} = 2^8 \times 2^8 \times 2^8 = 256 \times 256 \times 256 = 16,777,216$ →　約1,677万色

7．省略

8．省略

9．

解答例　ハードウェア：地下鉄の車両、駅舎など

　　　　ソフトウェア：運行ダイヤ、サービス・料金体系など

10．

解答例　ハードウェア重視：製造業、食料品製造業

　　　　ソフトウェア重視：サービス業、広告業

11．省略

12．省略

第3章
1．省略
2．画像が画素で構成されていることを確認できればよいです。
3．
　　ドロー系 … Adobe Illustrator、Macromedia FreeHand、Adobe Fireworks、CorelDRAW、Inkscape、OpenOffice.org Draw、LibreOffice Draw など。
　　ペイント系 … ペイント、Adobe photoshop、Corel Photo-Paint、Corel Painter、openCanvas、SAI など。
4．
　　「多くの写真を合成・加工し、デザインを行う」… ペイント系
　　「線や図形の形状を考えながら視覚的にわかりやすい地図をデザインしたい」…ドロー系
　　「形状のアウトライン情報を含むロゴデザイン」… ドロー系
　　「Word に貼る簡単なイラストを作る」… ペイント系のソフトであれば、bmp や jpg などの形式のファイルにして容易に利用できる。
5．省略
6．省略
7．
　　a)「2894×4093」
　　b)「2923×4134」
　　c)「125×125」
　　d)「468×60」
　　e)「600×425」なら、VGA 600×480 にも収まる画像になる。
8．正確でないが、概略右のようになる。

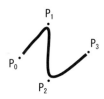

9．省略
10.
　　たとえばですが、
　　$P_0 = (0, 0)$
　　$P_1 = (0, 2)$
　　$P_2 = (2, 2)$
　　$P_3 = (2, 0)$
　　とすると、次の図のような曲線の折れ線近似ができる。

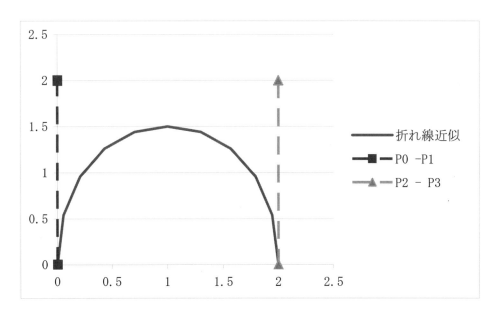

11.

$P(t) = (1-t)^3 P_0 + 3(1-t)^2 t P_1 + 3(1-t)t^2 P_2 + t^3 P_3$

を t で微分すると、$dP/dt = -3(1-t)^2 P_0 + 3(1-t)(1-3t) P_1 + 3(2-3t)t P_2 + 3t^2 P_3$

$t = 0$ のとき、$3(P_1 - P_0)$ つまりベクトル $3P_0P_1$。$t = 1$ のとき、$3(P_3 - P_2)$ つまりベクトル $3P_2P_3$ になる。

12. 省略

13.

楕円面、楕円放物面、双曲放物面、一葉双曲面、二葉双曲面、錐面、楕円柱面、双曲柱面、放物柱面など。それぞれの陰関数表示は省略。

14. Bスプライン曲面、NURBS曲面など。

15.

rgb<1,1,0> … 黄色　　　　rgb<0,1,1> … シアン

rgb<1,0,1> … マゼンタ　　　rgb<0,0,0> … 黒

16.

立方体 … $(x, y, z) = (-3, 0, 0)$、円錐 … $(x, y, z) = (3, 0, 0)$

手前から奥行方向に、円錐、球、立方体の順に並んだものを上から眺めた画像。

画角を小さくする。

17. 省略

18.

「柄のついたアイス」… たとえば円柱と直方体の和

「灰皿」… 半径の大きい円柱から半径の小さい円柱をひく

「凸型レンズ」… 2つの球の積をとるなど

164 演習問題解答例

19. フレームレートは少なくする（1秒間に表示されるフレーム数を減らす）

20. たとえば、インターネットで「gifアニメーション」などを検索すると、フリーソフトを探すことができます。使い方は、ペイントなどで描いた画像を複数並べるなど、かなり簡単なものです。

中間試験問題1

1．ペイント系

2．
  a) ポリゴン
  b) CSG 表現
  c) 陰関数表現
  d) 回転スイープ
  e) パラメトリック曲面

3．省略

4．
  「コップ」… 回転、「さら」… 回転、「まな板」… 平行、「まるテーブル」… 回転
  「会議用のテーブル」… 長机のタイプだとすると平行、「ドーナツ」… 回転

5．
  a) レイトレーシング法（POV-Ray で使用）
  b) Z バッファ法
  c) ラジオシティ法

6．
  ・キーフレーム法を利用すると、キーフレームの画像を作れば、キーフレーム間の画像は自動で補間できる。
  ・3Dアニメーションでは、モデリングしておくと、それをあらゆる角度から見た画像を利用できる（角度別に原画を作らなくてよい）。影などの表現もコンピュータが計算してくれる。
  ・ゲームなどのインタラクティブなソフトへの応用が可能など。

第4章　演習問題　省略

中間試験問題2

問題1
  ①パスワード　②8桁　③パッチ　④パターンファイル　⑤ウイルス検査
  ⑥コンピュータウイルス　⑦情報センター（各大学でネットワークを管理している部局）
  ⑧メール　⑨廃棄　⑩高く　⑪Web サイト　⑫Winny　⑬PC　⑭依頼
  ⑮直接　⑯真偽　⑰学生課（各大学での学生からの相談を受ける部局）　⑱掲示板

問題2

⑲ユビキタス　　⑳トロン

問題3

ア　汎用機　　　イ　パーソナルコンピュータ・ネットワーキング

ウ　ユビキタス・コンピューティング

第5章

1．省略

2．モノクロの場合　2.25 秒。フルカラーの場合　36 秒

3 から 10 省略

第6章

1．いかなる個人データも、適正かつ公正な手段によって、かつ適当な場合にはデータ主体に知らしめまたは同意を得たうえで収集する。

2．PC の操作において、離席時の他者への利用制限、覗き見防止対策をするため。

3．多くのウイルスは、修正プログラムが公開済みの脆弱性（ぜいじゃくせい）を悪用しています。したがって、既に公開されている修正プログラムをすべて適用しておくだけでも、ウイルス感染の危険性は大幅に低減するため。

4．"全ディスク・全ファイルスキャン"は、ウイルスが動くきっかけになる何らかのイベントの発生の有無を問わずにすべてのファイルなどを調べるために、新種のウイルス（活動せずに潜伏しているものも）の侵入を検知することが可能なため。

5．個人情報の入った携帯電話やスマートフォンの盗難、紛失時の個人情報漏洩対策。

6．キーボードなどの打鍵履歴が密かに記録されていたり、Web の閲覧履歴や ID、パスワードなども記録されることがあるため。

7．ファイル共有ソフト自体が情報を流出させるわけではなく、ファイル共有ソフトを悪用したウイルスに感染することによって、ファイル共有ソフトのネットワークを介して個人情報などを流出してしまうから。

8．ランサムウェアとは身代金要求型の不正プログラムです。利用者の PC へ進入して PC をロックしたり、データを暗号化したりして、PC を使用不能にして、利用者が身代金を支払うように促すウイルスです。その対策には、使用しているデータの定期的なバックアップと、ランサムウェアウイルス対策ソフトを導入することです。

応用問題1　省略

応用問題2　省略

小テスト問題　省略

166　演習問題解答例

第7章　演習問題　省略

応用問題1．掲示板で、実名で書く場合、ハンドルネームで書く場合、匿名で書く場合の課題を充分に議論し、その特質を充分に理解してもらったうえで、各自がどのようにするかを考えてもらうことが、本課題のねらいです。

応用問題2．電子メールに添付してレポート提出したり、質問したりするときに、その要件が伝わるようにすることです。具体的には、誰がどなたに宛てたメールなのかをわかるようにします。また、メールの本文もわかりやすいように工夫する必要があります。電子メールでは、どのようにしたら、質問を受ける教員の方で受け取りやすいかなどの指導を行うべきであるというのが、本課題のねらいです。

第8章　省略

索 引

数 字

2DCG 34

2 進数 15, 21

2 進表記 18

2 値状態 16

2 値素子 16

2 次元 CG 34

3DCG 34

3 原色 22

3 次ベジェ曲線 37

3 面図 48

3 次元 CG 34

16 進表記 18

A

A/D 変換器 22

ActiveX 68

AI 5, 6, 8

Apple II 2

ARPA 60

ARPANET 60

ASCII コード 18, 77

ASCII コード表 19

B

Bit 15

Blender 42

BMP 76, 78

Byte 18

C

C++ 3

CD 67

CG

CG 33

CG イラストレーション 33

CPU 25

CSG 46

CSS 139

D

D/A 変換器 23

DHCP 66

DNS サーバ 62

DOS/V マシン 2

dpi 76

E

ENIAC... 1

E メール 111

F

Facebook 9, 79

fps 51

FTP 61

G

GIF 78

GIF アニメーション 51

GREE 79

H

HTML 123

HTTP 61

I

IBM360.. 2

IC 2

ICANN 65
IE 60, 101
Instagram 9, 79, 80
IoT 4, 5, 6, 7, 8, 98
IPv6 62
IP アドレス 63
IP マスカレード 65

J

J.P.Eckert 1
J.W.Mauchly 1
JIS コード 77
JPEG 78
JUNET 60

L

LAN 59
LINE 79
LSI 2

M

MAC アドレス 65
Metasequoia 42
MIDI 78
mixi 9, 79
ML 115
MP3 78
MPEG 78

N

NAPT 65
NAT 65
NSFNET 60

O

Objective-C 3
OECD8原則 89

OECD 勧告 89
OMT 3
OOSE 3
OS 28
OSI 参照モデル 61
Outlook Express 116

P

PC 2
PC8001 2
PC9801 2
PCM 78
PDF 78
PICT 78
PNG 78
POP 61
POP3 111
POV-Ray 42

R

ray tracing 法 49
RFC1855 76
RFC2822 76
RFID... 5

S

Shade 48
Share 71
Smalltalk 3
SMTP 61, 111
SNS 9, 79
SSL 接続...69

T

TCP/IP.. 61
Twitter 9, 79, 80

U

UDHR	89
ULSI	2
UML	3
Unicode	77
URL	69, 123
USB メモリ	67

V

VLSI	2

W

WAN	59
Web2.0	60
Windows95	60
Winny	71
WWW	123

X

XML	123

Z

Z バッファ法	50

あ

アウトラインフォント	34
アクチュエータ	27
アナログ量	21, 22
アニメーション	51
アプリケーション・ソフト	28
安全管理対策	96
アンチウイルスソフトウェア	67
育成者権	87
意匠権	82
意匠法	82
陰関数	40
インターネット	3, 59

か

陰面消去	39
引用ルール	86
ウイルス対策ソフトウェア	67
ウェアラブルデバイス	5
エッカート	1
エンコード	18
演算装置	26
エンドポイント	98, 99
オブジェクト指向型プログラム	2
オブジェクト指向設計法	3
オプトアウト	93
オプトイン	93
オペレーティング・システム	28

改行コード	20
改正個人情報保護法	91, 92, 102
解像度	22
回転掃引	49
外部記憶装置	26
回路配置利用権	87
顔文字	116
画角	43
拡散反射光	47
画素	22
間接光	51
キーフレーム法	51
記憶装置	26
機微情報	91
鏡面反射	47
屈折率	47
グローバルアドレス	65
コード	18
コード化	18
個人識別符号	92
個人情報	90

個人情報の流出......................................95
個人情報の漏洩......................................95
個人情報保護法.....................89, 91, 102
個人番号......................................97
骨格モデル......................................52
コンピュータ・システム......................27
コンピュータウイルス......................66
コンピュータグラフィックス 33
コンピュータドローイング......................33
コンピュータの5大機能......................24, 25

さ

座標......................................35
サブネットマスク......................64
産業財産権......................................81
シェーディング......................39
色調補正......................................34
システム......................................27
実用新案権......................................82
実用新案法......................................82
視点......................................43
シフトJIS......................................77
住基ネット......................................89
主記憶装置......................................26
出力......................................24
出力装置......................................26
肖像権......................................87
冗長性......................................24
商標権......................................83
商標法......................................83
情報セキュリティ......................98
情報セキュリティ対策......................96
情報倫理......................................10
処理......................................24
真空管...................................... 2
人工知能......................................5, 6

スキャンライン法 50
スケルトンモデル 52
スタイルシート 139
スタンドアロン 59
スパイウェア 67, 68
制御装置 26
セーフハーバー協定 89
世界人権宣言 89
センサー 5, 27
掃引 49
ソーシャル・ネットワーキング・サービス 9
ソフトウェア 27

た

第三者提供 94
タグ 123
タブ 20
知的財産権 81
中央処理装置 25
注視点 43
著作権 81, 83
著作権法 83
著作者の権利 84
著作者の人格権 84
著作隣接権 84
ツイーン 51
テクスチャマッピング 47
デジタル量 20, 22
手続き型プログラム 2
電子化 29
電子メール 111
透過 47
特定個人情報 97
匿名加工情報 93
特許権 81
特許法 81

ドメイン名	62
トランジスタ	2
トリムマッピング	47
ドロー系	34

な

なりすまし	100
日本語 EUC	77
入力	24
入力装置	26
認証	112
認定個人情報保護団体	94
ネチケット	75
ネットワークアドレス	63

は

パーソナルコンピュータ	2
ハードウェア	27
媒介変数	36
バイト	18, 76
パスワード	112
パラメタ	36
パラメトリック曲線	38
パラメトリック曲面	40
パラメトリック表現	40
反射	47
バンプマッピング	47
ピクセル	22, 76
左手系	42
ビッグデータ	5, 93, 102
ビット	15, 16, 76
ビットパターン	16
ビットマップ	34
ビットマップフォント	34
ファイル共有ソフトウェア	71
フィッシング詐欺	68

フィルタ処理	34
ブーチ	3
ブーリアンモデリング	46
不正ログイン	100
プライバシーマーク	91
プライベートアドレス	65
プリミティブ	41
フレーム数	51
プログラム	25, 28
プロトコル	61
ペイント系	34
ベクトル形式	34
ボクセル	41
ホストアドレス	63
ポリゴン	41

ま

マイナンバー	97
マルチメディア	3
右手系	42
無限遠光源	45
メーラー	112
メモリ	26
モークリー	1
モーフィング	51
文字コード	18
モデリング	39
モノのインターネット	4
モラル	10

や

ヤコブソン	3
ユーザ ID	112
ユビキタス社会	4
要配慮個人情報	93

ら

ラジオシティ法 50
ラスタ形式 34
ランサムウェア 97
ランボー 3
量子化誤差 22

レイトレーシング法 49
レンダリング 39

わ

ワイヤーフレーム 39
ワクチンソフトウェア 67
ワンクリック不正請求 70

編著者略歴

小島 正美（こじま まさみ）

1967 年　東北大学工業教員養成所電気工学科卒

専　攻　情報学

現　在　東北工業大学名誉教授

　　　　特定非営利活動法人 地域情報モラルネットワーク理事長

　　　　博士（工学）

著　書　『インターネット社会の情報リテラシー　― 情報倫理を学ぶ ―』

　　　　ムイスリ出版、2010

　　　　『情報社会のデジタルメディアとリテラシー　― 情報倫理を学ぶ ―』

　　　　ムイスリ出版、2013

　　　　『[第2版] 情報社会のデジタルメディアとリテラシー　― 情報倫理を学ぶ ―』

　　　　ムイスリ出版、2015

著者略歴

木村 清（きむら きよし）

1980 年　慶應義塾大学大学院工学研究科計測工学専攻修了

専　攻　情報学

現　在　尚絅学院大学総合人間科学部現代社会学科教授

　　　　修士（工学）

著　書　『情報社会のデジタルメディアとリテラシー　― 情報倫理を学ぶ ―』

　　　　ムイスリ出版、2013

　　　　『[第2版] 情報社会のデジタルメディアとリテラシー　― 情報倫理を学ぶ ―』

　　　　ムイスリ出版、2015

池田 展敏（いけだ のぶとし）

1998 年　東北大学大学院情報科学研究科情報基礎システム専攻博士後期課程単位取得中退

専　攻　情報学

現　在　東北生活文化大学短期大学部生活文化学科教授

　　　　博士（情報科学）

著　書　『情報社会のデジタルメディアとリテラシー　― 情報倫理を学ぶ ―』

　　　　ムイスリ出版、2013

　　　　『[第2版] 情報社会のデジタルメディアとリテラシー　― 情報倫理を学ぶ ―』

　　　　ムイスリ出版、2015

小松澤 美喜夫（こまつざわ　みきお）

1970 年　株式会社 日立製作所入社

専 攻　情報学

現 在　株式会社 日立ソリューションズ東日本勤務
　　　　特定非営利活動法人 みちのく情報セキュリティ推進機構
　　　　みちのく情報セキュリティ推進センター センター長
　　　　プライバシーマーク審査員

著 書　『［第 2 版］情報社会のデジタルメディアとリテラシー　― 情報倫理を学ぶ ―』
　　　　ムイスリ出版、2015

2013 年 2 月 20 日	初　版　第 1 刷発行
2015 年 2 月 12 日	第 2 版　第 1 刷発行
2018 年 1 月 28 日	第 3 版　第 1 刷発行

［第3版］

情報社会のデジタルメディアとリテラシー
― 情報倫理を学ぶ ―

編著者　小島 正美
著　者　木村 清／池田 展敏／小松澤 美喜夫　©2018
発行者　橋本 豪夫
発行所　ムイスリ出版株式会社

〒169-0073
東京都新宿区百人町 1-12-18
Tel.(03)3362-9241(代表)　Fax.(03)3362-9145　振替 00110-2-102907

カット：MASH　　　　　　　　　ISBN978-4-89641-262-8　C3055

memo

memo

memo

memo

memo

memo

memo

memo